编审委员会

主　任　侯建国

副主任　窦贤康　陈初升
　　　　　张淑林　朱长飞

委　员（按姓氏笔画排序）

方兆本	史济怀	古继宝	伍小平
刘　斌	刘万东	朱长飞	孙立广
汤书昆	向守平	李曙光	苏　淳
陆夕云	杨金龙	张淑林	陈发来
陈华平	陈初升	陈国良	陈晓非
周学海	胡化凯	胡友秋	俞书勤
侯建国	施蕴渝	郭光灿	郭庆祥
奚宏生	钱逸泰	徐善驾	盛六四
龚兴龙	程福臻	蒋　一	窦贤康
褚家如	滕脉坤	霍剑青	

中国科学技术大学出版社

虚拟现实/增强现实技术及其应用

Virtual Reality/Augmented Reality Technology and Its Applications

张燕翔 著/编著

中国科学技术大学 一流规划教材
国家新闻出版改革发展项目库入选项目
"十二五"

内容简介

本书介绍了视觉/增强现实技术的概貌,并且针对其所应用到的关键技术的案例作了介绍。数种重要的应用技术,包括三维重建、Flash3D、WebGL、摄像机的交互、摄像机畸变消去、增强现实、移动增强现实等技术均有涉及。

本书适合从事虚拟现实、网络与新媒体专业的师生以及网络新媒体制作从业人员阅读与参考。

图书在版编目(CIP)数据

虚拟/增强现实技术及其应用/张巍巍等编著. —合肥:中国科学技术大学出版社,2017.1

(中国科学技术大学精品教材)

"十二五"国家重点图书出版规划项目

ISBN 978-7-312-04012-2

Ⅰ.虚… Ⅱ.张… Ⅲ. … Ⅳ. TP391.98

中国版本图书馆 CIP 数据核字(2016)第 261236 号

中国科学技术大学出版社出版发行

安徽省合肥市金寨路96号,230026

http://press.ustc.edu.cn

合肥市宏基印刷有限公司印刷

全国新华书店经销

开本:710 mm×1000 mm 1/16 印张:20.25 字数:390千 插页:2

2017年1月第1版 2017年1月第1次印刷

印数:1—3000册

定价:59.00元

前 言

2008年，为庆祝中国科学技术大学建校五十周年，应所建校以来的办学理念和特色，集中展示学校建设的成就，学校决定组织编写出版代表学校中国科学技术大学学科发展水平的精品教材系列，在分为九个子系列下，并组织编审委员会严格评审，首批规划了50种入选精品教材系列。

在十月精品教材系列编写于2008年9月份启动后五十周年之际陆续推出，并作为50年一遇的校庆礼品献给广大师生校友以及国内外同行以引起了他们的极大反响，并成为入选国家新闻出版总署"十一五"国家重点图书出版规划。为确保精品教材的质量，学校成立了编审委员会，分别对入选的教材进行严格评审，给予适当的经费补助，配套出版社的工作，以"中国科学技术大学精品教材"的形象整体推出，国家新闻出版总署将《中国科学技术大学精品教材系列》列为"十一五"国家重点图书出版规划。

1958年学校创办之时，教员主要由中国科学院所属各研究所的科学家担任，在为本科生上课的同时，这些"科学家教员们"将各自所在研究所最新的科研成果写进教材中，形成了学校"科学与技术结合、理与工结合、教学与科研结合"的鲜明办学特色，取得了非常好的教学效果。50年来，中国科大的教学早已自成体系，培养了大批优秀学生，并凝聚了一批高水平的教学骨干。

学校非常重视教材建设和各种教学资源的传承，也着眼于培养青年教师，因此一届又一届地薪火相传。

... !

序

中国科学院院士
第三世界科学院院士

刘嘉麒

人类赖以生存的地球是一个美丽神奇的星球，有着无穷的奥秘。自古以来，人们就怀着极大的兴趣去探索它、认识它。一部人类发展史，就是人与自然和谐相处、斗争与适应的历史，同时也是科学技术不断进步、认识自然和改造自然的历史。"科学技术是第一生产力"，当今世界各国之间的竞争，归根结底是科学技术的竞争，而科学技术的竞争实际上是人才的竞争。谁拥有高水平的科学家、工程师和一大批训练有素的各类科技人才，谁就能在激烈的国际竞争中立于不败之地。因此，把我国建设成中等发达的科技强国与教育强国是我国既定的战略方针。

改革开放以来，我国的教育事业有了突飞猛进的发展，教育方针、教育体制、教学方法、教材建设都发生了巨大变化。但"教材"是教学之本，是体现教学思想、教学内容与教学方法的载体，"万丈高楼平地起"，教材质量如何至关重要。在人才培养的过程中，有好的教材固然重要，还要加以改进，与时俱进。

中国科学技术大学自建校以来一直是我国一所重点培养高科技人才的学府，用新的科学思想与教材、新的教学方法培养新一代的年轻人，使之掌握更多更新的学科知识，才能更好地承担起他们肩负的重任。基于这种考虑，针对他们的直接情况与需要，有的放矢地编著与更新一批新的教材，就显得十分必要与迫切。

我很高兴地看到，中国科学技术大学数理化天地生(包括医学)诸学科的一些有丰富教学经验的专家、教授在百忙中花大力气、集中精力编著一批新的教材，其内容基础扎实、系统性强、并能结合其发展。在入选的教材中，除了弥补现有教材的某些不足外，还有不少教材是根据现有课程设置和学科发展情况，结合自己教学实践与研究心得编著的新教材。我相信这些新教材的出版，必将有益于提高中国科学技术大学乃至其他大学教学的质量和推动教学改革的发展。

人类赖以生存与发展的客观世界是如此错综复杂又相互关联，我们的教育事业、科技事业、社会事业也是日新月异，不断发展。我期望有更多的有识之士不断编著与出版新的教材与专著，为中华民族的振兴培养出更多的优秀人才。

是为序。

前　言

虚拟现实技术正在引领着下一代新媒体的潮流。最近几年，虚拟现实的软硬件技术开始火爆起来，并且迅猛地发展着，越来越多的虚拟现实应用也开始走入大众的视野，虽然目前的虚拟现实技术还存在种种局限性，但是虚拟现实世界能够带给人们的无疑是前所未有的震撼体验。然而，纵观目前虚拟现实应用领域的现状，我们不难发现，在这个全新的领域里，火爆的表象之下却难以掩盖一个尴尬的现状，这就是虚拟现实内容的极度匮乏。无论软硬件技术如何发展，它们始终是为内容的呈现服务的，内容的普及与应用程度，也是虚拟现实技术真正体现其价值所在的地方，而内容本身的可能形态又是与技术密切相关的。本书关注基于虚拟现实的内容创作，从目前各种典型的虚拟现实技术出发，深入地研究了相关技术代表性的应用方面，在此基础上进行内容案例的设计与制作，以期能够带给读者从技术到思维的启发。

本书的编写分工如下：张燕翔负责第1、第2、第3、第5、第6、第7、第11章，董东负责第4章，朱梓强负责第8章，樵志负责第9章，朱赟负责第10章。

另外，汪儒、赵勇、叶卉、王君妮等参与了本书部分素材的制作，同时我的家人也对本书的写作给予了大力支持，在此一并致谢！

书中部分图片的原作者没能联系到，请原作者看到后与本书作者联系稿费事宜。

限于时间仓促及水平有限，本书可能存在不当之处，还请读者批评指正，并且欢迎来信联系（邮箱：petrel@ustc.edu.cn）。

张燕翔
2016年9月

目　次

总序 ……………………………………………………………………（ⅰ）
前言 ……………………………………………………………………（ⅲ）

第1章　虚拟现实基础 …………………………………………（1）
1.1　什么是虚拟现实 …………………………………………（1）
1.2　虚拟现实技术的发展简史 ………………………………（2）
1.3　虚拟现实系统的分类 ……………………………………（2）

第2章　基于图像的虚拟环境漫游技术 …………………………（5）
2.1　全景技术 ……………………………………………………（5）
2.2　全景拼接 ……………………………………………………（8）
2.3　其他的拼图技术 ……………………………………………（22）
2.4　全景秒拍与全景视频 ………………………………………（28）
2.5　全景的逆向应用 ……………………………………………（34）
2.6　基于照片的建模 ……………………………………………（35）
2.7　HDRI图像动态范围优化 …………………………………（38）
2.8　全景VR与建模场景的融合 ………………………………（42）

第3章　基于三维建模的虚拟互动漫游 …………………………（43）
3.1　基于建模的虚拟实境开发系统 ……………………………（44）
3.2　基于VRML/X3D的场景虚拟漫游技术 …………………（46）
3.3　基于Virtools的虚拟环境漫游技术 ………………………（58）
3.4　其他环境虚拟漫游技术介绍 ………………………………（67）

第4章　Flash 3D ……………………………………………………（70）
4.1　什么是Flash 3D? …………………………………………（70）

4.2　Flash 平台的 3D 引擎介绍 …………………………………（79）

第 5 章　从 HTML5 到 WebGL（85）
5.1　HTML5 …………………………………………………………（85）
5.2　WebGL …………………………………………………………（88）
5.3　与 X3D 相关的 WebGL 框架：X3DOM ………………………（92）
5.4　WebGL 框架：Three.js 入门 …………………………………（104）

第 6 章　3D 立体影像技术（112）
6.1　从平面到立体的奥秘：立体影像的原理 ……………………（112）
6.2　分离图像：立体图像的观看技术 ……………………………（113）
6.3　立体摄像设备及拍摄 …………………………………………（122）
6.4　双眼的延伸：立体影像的相关理论 …………………………（135）
6.5　拍摄获取最佳立体效果的诀窍 ………………………………（140）

第 7 章　三维输入输出与呈现技术（146）
7.1　三维激光扫描 …………………………………………………（146）
7.2　照片建模 ………………………………………………………（147）
7.3　3D 打印 …………………………………………………………（148）
7.4　三维跟踪传感设备 ……………………………………………（148）
7.5　动作输入设备 …………………………………………………（148）
7.6　3D 声卡 …………………………………………………………（150）
7.7　3D 立体显示设备 ………………………………………………（150）
7.8　头戴式 3D 眼镜 …………………………………………………（158）

第 8 章　三维游戏引擎 Unity（162）
8.1　什么是 Unity3D …………………………………………………（162）
8.2　Unity3D 基础 ……………………………………………………（162）
8.3　用 Unity3D 实现简易 3D 射击游戏 …………………………（169）

第 9 章　三维虚拟物体设计（197）
9.1　Maya 3D 建模 …………………………………………………（197）
9.2　Unity3D 人机交互实现的详细过程 …………………………（223）

第 10 章　增强现实（271）
10.1　增强现实简介 ………………………………………………（271）
10.2　增强现实相关技术 …………………………………………（277）

10.3 增强现实的应用 …………………………………………………… (283)
10.4 增强现实案例应用——Build AR ………………………………… (291)

第 11 章 移动增强现实 …………………………………………………… (299)
11.1 多元化的移动增强现实应用 ………………………………………… (299)
11.2 移动增强现实游戏开发 ……………………………………………… (304)
11.3 开放式移动增强现实新框架 ………………………………………… (306)
11.4 ARML 语言特征 ……………………………………………………… (306)

参考文献 ………………………………………………………………………… (311)

第 1 章 虚拟现实基础

1.1 什么是虚拟现实

虚拟现实——Virtual Reality(VR),早期译为"灵境技术"。虚拟现实是多媒体技术的终极应用形式,它是计算机软硬件技术、传感技术、机器人技术、人工智能及行为心理学等科学领域飞速发展的结晶。主要依赖于三维实时图形显示、三维定位跟踪、触觉及嗅觉传感技术、人工智能技术、高速计算与并行计算技术以及人的行为学研究等多项关键技术的发展。随着虚拟现实技术的发展,真正地实现虚拟现实,将引起整个人类生活与发展的很大变革。人们戴上立体眼镜、数据手套等特制的传感设备,面对一种三维的模拟现实,似乎置身于一个具有三维的视觉、听觉、触觉甚至嗅觉的感觉世界,并且人与这个环境可以通过人的自然技能和相应的设施进行信息交互。

虚拟现实是采用计算机信息技术生成的一个逼真的视觉、听觉、触觉及嗅觉等的感官世界,并且用户可以运用人的自然技能与这个生成的虚拟实体进行交互考察。这个概念有三个关键点:

逼真:虚拟实体是利用计算机来生成的一个逼真的实体。"逼真"就是要实现三维的视觉、听觉,甚至包括三维的触感、嗅觉等;

自然技能:用户可以通过人的自然技能与这个环境交互。这些技能可以是人的头部转动、眼动、手势或其他身体动作;

交互:虚拟显示往往要借助于一些三维传感设备来完成交互动作。常用的设备有头盔立体显示器、数据手套、数据服装、三维鼠标等。

目前,全世界的科技工作者都在为虚拟现实进行着艰苦的努力。相应的数据手套与头盔等设备已经研制出来,虽然离完全意义上的虚拟现实还有一段距离,但是可以确信的是,在不远的将来,人类的这一理想终会实现。

1.2 虚拟现实技术的发展简史

早在 20 世纪 40 年代,美国就已开始了飞行模拟器的设计。随着计算机技术尤其是计算机图形技术的发展,这种模拟器又发展为大屏幕显示器和全景式情景产生器。1965 年,Ivan Sutherland(被称为计算机图形学之父)发表论文《The Ultimate Display(终极的显示)》,描述了一种把计算机屏幕作为观察虚拟世界窗口的设想,这被看作是虚拟现实技术研究的开端。1968 年,Ivan Sutherland 又提出了头盔式三维显示装置的设计思想,并给出一种设计模型,这奠定了三维立体显示技术的基础。之后此领域一直没有突破性的发展,直到 20 世纪 80 年代初,才由 Jaron Lanier 正式提出"Virtual Reality"这一名词,同时一系列的更完善的仿真传感设备(如头盔式三维显示器、数据手套、数据衣、立体声耳机等)以及相应的计算机软硬件系统也被研制出来了。到了 90 年代,对 VR 技术的研究更加普遍,发展也更为迅速。

1.3 虚拟现实系统的分类

1.3.1 非沉浸式虚拟现实系统

非沉浸式虚拟现实系统也叫桌面虚拟现实系统,此类系统的分辨率较高,成本较低。它采用标准显示器、立体显示、立体声音技术,并可利用多种空间操纵设备(如三维鼠标、空间球、数据手套等)进行操纵。使用时,用户可设定一个虚拟观察者的位置,然后对虚拟对象进行操纵。非沉浸式虚拟现实系统主要用于 CAD/CAM、建筑设计等领域。目前有以下几种类型:

全景视频系统:是用连续拍摄的图像和视频在计算机中拼接建立的实景化虚

拟空间。

基于座舱的系统:作为一种最具历史的虚拟现实模拟器,座舱并不属于完全沉浸的系统范畴。在座舱系统中,参与者可以通过座舱的窗口(由一个或多个显示器组成,用来显示虚拟情景)观看虚拟的世界,同时可以利用一些设备来控制虚拟环境并与其他座舱的人进行交互。

桌面虚拟现实CAD系统:是对虚拟世界进行建模,通过计算机显示器进行观察并可自由地控制观察的视点和视角。

基于剧情的虚拟现实系统:此类系统一般可用一些剧情发生器来产生相应的外部信息效果,然后按传统计算机显示方式提供给参与者。参与者可以对数据进行控制并使剧情发生器产生反应。

1.3.2 沉浸式虚拟现实系统

这种系统利用头盔显示器或其他设备把用户的视觉、听觉等感觉封闭起来,然后提供一个新的虚拟的感官空间,使之产生一种身在虚拟环境中却能全身心投入并沉浸其中的错觉。除了基于座舱空间的系统外,此类系统还包括:

基于头盔的系统:根据应用的不同,系统将提供能够随头部转动而随动产生的立体视觉、三维空间声和语音识别能力,由人的肢体提供动作输入(如通过数据手套、数据衣等)。这是一种能够达到完全沉浸感觉的系统。

投影虚拟现实系统:参与者的动作可以实时地与虚拟环境交互。

遥在系统:是一种虚拟现实与机器人技术结合的系统。操作员通过立体显示器获得深度感,或通过头盔与远地的摄像机相连,通过运动跟踪与反馈装置跟踪操作员的运动,反馈远地的运动过程(如阻尼、碰撞等),并把动作传送到远地形成结果。

1.3.3 分布式虚拟现实系统

分布式虚拟现实系统是建立在沉浸式虚拟现实系统和分布式交互仿真技术的基础之上的,目前有两种形式:分布式交互仿真系统(如SIMNET交互仿真系统)和赛博信息空间(CyberSpace)。

1.3.4 增强现实系统

增强现实系统主要是为了增强操作员对真实环境的感受。系统采用穿透型头戴显示器,将计算机图形或其他辅助信息数据与操作员所观察到的实际环境叠加到一起,以协助操作员进行操作或工作。如图 1.1 所示。

图 1.1 增强现实系统示例

第 2 章 基于图像的虚拟环境漫游技术

2.1 全景技术

2.1.1 全景的概念

传统的虚拟现实系统一般要使用到数据手套、数据服装、头盔显示器和超高速计算机等专用设备。建立这样的虚拟现实环境,无疑是要耗费巨大投资,因而难以普及。在低耗费情况下建立一种高性能的虚拟环境的想法,显然非常吸引人。全景视频(Panoramic Video)就是这样一种耗费低廉、构思巧妙、应用广泛的虚拟现实技术。

什么是全景视频?假定我们在一个室内空间中进行观察,室内空间一般有六个表面,如果我们获取了这六个表面的许多不同距离、不同方位的实景照片,并将它们按照相互的关系有机地连接起来,就可以在视觉上形成对这个空间的整体认识,这就是全景视频的概念。在观察时,我们可以任意地转动观看,也可以改变视点,或是走近仔细观看,由于这些照片是相互连接的,所以,只要照片足够精细,连接得紧密正确,我们就可以获得空间的感觉。同样,无论我们是在野外、海边,还是在复杂如迷宫的博物馆、办公室或航空母舰上,通过建立以实景为基础的全景图像,就可以对我们的周围进行观察。如果辅之以声音,就可以获得较好的随意观察、交互访问的效果。

与其他形式的虚拟现实技术和传统的全景摄影技术相比,全景视频的不同之处主要体现在以下几个方面:

① 全景视频不局限于计算机生成的图像,而主要使用在自然界中拍摄到的数

字照片或数字视频,并将它们进行处理后用超媒体的方法加以拼接,建立起联系。由于使用的是实景图像,所以在处理时间上与景物的复杂度无关。当然,全景视频中也可以使用或合成计算机产生的虚景图像。

② 全景视频并不需要真正的视频。因为视频必须要连续播放,所以在早期需要按预定的拍摄路线采用模拟视频的方式连续拍摄,在信息组织时按拍摄路线进行分支安排,如 Aspen Movie Map。但现在的系统采用了数字化技术,实际存储和组织的已经不是视频帧序列,而是不同层次的全景图,不管这个图是来源于视频还是照片。但由于全景视频可以随意移动观察,所以沿袭过去的习惯仍称为"视频"。

③ 全景视频可以将 360°全景图无扭曲地映射到平面显示器上。从 19 世纪起,摄影师们一直在探索全景技术,但真正的 360°照片会受到光学扭曲的干扰,除非将它们弯曲成圆柱体并从内部观看,但计算机可以对其图像进行校正,从而纠正这种扭曲。

④ 全景视频没有计算机的协助是不可能实现的。例如,对全景照片的拼接、校正、变形、变换视点、变换焦距等,都需要计算机进行大量的运算和管理。

2.1.2 全景技术发展简史

利用实景来建立虚拟环境,这个想法在 20 世纪 70 年代就产生了。1978 年,MIT 的媒体实验室开发了一个称为 Aspen Movie Map 的项目,首次利用了实景。通过开车穿行 Aspen 这个小城的各个街道,四架摄像机同时拍摄了四个方向的照片,将这些照片连接起来,然后装入到模拟的视盘中,并在每个街道的路口加入了分支的交互手段。播放时,用户可以通过触摸屏和游戏杆来控制自己旅游的速度和去向,就好像自己开车在这个小城里游玩,经过小城的一些有名建筑,能在那里停下来,获取有关建筑物的资料(资料可以是图像、声音、文本、视频等)。同时,地图还提供了一张鸟瞰图作为导航图,用来标志用户地点,提示关键场所和给出全局信息。

1992 年,媒体艺术家 Michael Niemark 实施了"Field Recording Studies"项目,研究将便携式摄像机的图像在计算机里映射到 3D 空间。他首先使用摄像机旋转拍摄获取一个图像系列,然后将它们映射到计算机 3D 空间里以获取全景或电影地图,如图 2.1 所示。

1994 年 6 月,Apple 公司首次推出全景视频产品 QuickTime VR,第一次让人们领略到具有照片质量的虚拟现实环境。它利用软件将环绕空间一周的若干张边缘稍有重叠的照片图像连接起来,组合成一张无缝平滑的 360°全景图像。它通过超文本系统 HyperCard 来制作热点,对不同视点的全景图像进行链接。其全景图像在压缩过程中被分成 768×104 个大小块,存储为标准的 QuickTime MOOV 文件,初始时只装入全景图像的一部分,移动时再调入相应的块,它能模拟人在空间的行走、向四周观望等动作,还加入了声音的效果。

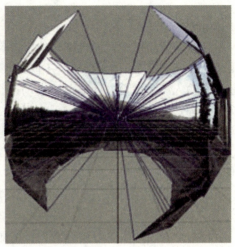

图 2.1　Field Recording Studies

Microsoft 公司在 1995 年 3 月开发出了基于 Windows 系统的全景视频 Surround Video。其功能与 QuickTime Moov 基本相同,但制作全景视频的方法不同。Surround Video 是利用硬件,直接通过全景照相机得到全景图像。其全景图像被分为只有 4 像素宽的块,不压缩存储为 striped DIB 文件,显示时调入相应的数据块即可。

IPIX 公司于 1998 年推出基于球面映射的球形全景制作与浏览系统,为全景的体验带来了更完美的效果,该公司还与 Nikon 公司合作推出了专用于这种全景制作的数码相机鱼眼镜头,同时申请了关于球面全景技术的专利,并且迫使免费球面全景制作工具的开发者 Dersch 关闭了其相关网页。

1999 年,Apple 公司在 QuickTime VR 的基础上,应用立方体映射技术开发出了与 IPIX 技术一样可以进行完整空间映射的 CubicVR 技术,与球面全景相比,虽然有一定的透视变形,但是由于立方体映射算法比球面映射算法简单,所以浏览时系统消耗低得多,在浏览高分辨率全景时比球面全景流畅得多。

2.2 全景拼接

通过对照相机或摄像机旋转拍摄得到的图片进行拼接,可以得到全景照片,但由于球面镜头存在一定的畸变,不同画面上相对应的点将无法吻合。一般的拼接软件在输入镜头焦距之后都可以自动进行镜头畸变校正,之后就可以对它们进行拼接处理。

除了单个场景的拼接之外,一些软件还可以将几个全景拼接成为一个大的场景,浏览的时候点击全景之间的链接即可在不同的全景间切换,从而实现场景的虚拟漫游。

2.2.1 柱形全景

柱形全景使用水平方向环绕拍摄的照片系列,通过对其进行拼接而得,并且将拼接得到的长条照片映射到圆柱体表面以供浏览(图2.2)。

图 2.2 柱形全景

由于柱面全景的原始图像为一长条图片,所以除了在计算机上虚拟浏览之外,还可以打印出来贴在圆环形墙面上作为实景体验装置。图2.3(a)为艺术家 Masaki

Fujihata 利用柱面全景浏览原理制作的虚拟现实装置作品，图 2.3(b)为艺术家 Jeffrey Shaw 基于柱面全景体验的视频装置作品《Place-Ruhr》。

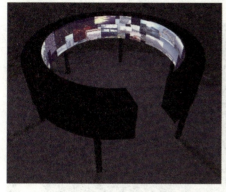

(a) Masaki Fujihata 的虚拟现实装置作品　　(b) Jeffrey Shaw 的视频装置作品《Place-Ruhr》

图 2.3　柱形全景实景体验装置

2.2.2　球面与立方体全景

球面全景与立方体全景都需要对场景空间各方位进行完整拍摄，最简单的方式是使用鱼眼镜头分别拍摄互为 180°的两个角度场景的照片，之后对它们进行简单的拼接处理即可。如果需要高清晰度的全景图像，可以借助多行拍摄的方式使用广角镜头完整地记录场景的空间信息，然后再进行拼接处理即可。这种拼接要比柱面全景的拼接复杂和麻烦得多，而最近 Spheron 公司推出了一次成像的球面全景相机 SpheroCam(图 2.4)，使得球面(立方体)全景照片的获取变得非常容易。

"勇气号"火星探测器上就安装了能够全自动地高速拍摄的全景摄像机 Pancam(图 2.5(a))，图 2.5(b)为 Pancam 拍摄的第一张火星全景图。

图 2.4　SpheroCam

柱面和球面全景的拼接可以借助 RealViz Stitcher 或者 Pano Weaver 等软件实现,在这种拼接过程中首先会获得一张等距圆柱映射 Equirectangular 图片(图2.6),然后可以将它转换为球面贴图或者立方体的六个面(图2.7)。

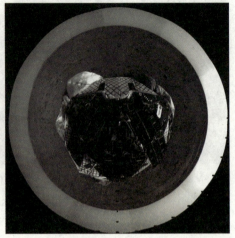

(a) "勇气号"上的Pancam　　　　　　(b) Pancam拍摄的第一张火星全景图

图 2.5　Pancam

图 2.6　Equirectangular 图片

Equirectangular 贴图还在 3D 软件中有着重要的作用,它可以作为渲染时的环境贴图,Equirectangular 贴图和立方体全景的六个面还可以用作现在一些三维软件里模拟真实环境所使用的环境贴图。

图 2.7　立方体

由于 Equirectangular 贴图能够反映场景完整的空间信息,而它转换为立方体贴图之后的实境处理比较简单,因此早期的科学家和媒体艺术家们就开始试验使用这种技术制作能够虚拟完全实境的装置。由 Illinios 大学的 Carolina Cruz-Neira、Daniel J. Sandin、Tom DeFanti 等人制作的 CAVE 装置最初于 1992 年在 SIGGRAPH 大会上展示,这种房间式立体投影系统使用几台投影仪将立方体贴图的五个面投影到一个立方体环境的墙面上,而用户则站在这个立方体环境内部,通过与系统的交互可以动态地更新立方体环境墙面上的贴图,从而产生一种实境漫游的虚拟体验,如图 2.8 所示。

图 2.8 CAVE 装置体验

2.2.3 立方体/球形全景的拍摄

1. 节点

"节点"(Nodal Point)是指照相机的光学中心,穿过此点的光线不会发生折射。全景的合成往往需要多张广角甚至鱼眼照片,在拍摄时,相机必须绕着节点转动,才能保证全景拼接成功,否则广角镜头产生的巨大畸变将导致无法拼接全景。

寻找相机的节点的步骤如下:

(1) 从相机的旋转中心(往往是一个专业云台的转轴)出发,在同一水平面上(云台、相机要保持水平)绘制几条直线,并且沿直线放置几根棍子,如图 2.9 所示。

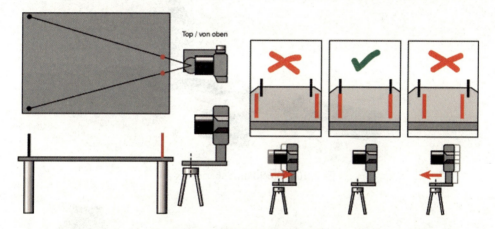

图 2.9 寻找相机节点示意图

(2) 在云台上调整相机位置,直到所有位于同一直线上的棍子的影像重叠在一起,此时的位置就是相机的节点,在这个位置就可以进行全景素材照片的拍摄了。

2. 多行拍摄

普通的全景制作尤其柱面全景,只在水平方向拍摄一行若干张照片。而在专业的球面或立方体全景制作中,为了获取更高的图像分辨率,往往使用多行拍摄的方法,在这种拍摄中,相机除了在水平方向旋转外,还要在竖直方向旋转,这需要专业云台才能实现,如图 2.10 所示的是 KaiDan 公司的 QuickPan Spherical 云台。

3. 使用鱼眼镜头

鱼眼镜头是一种焦距在 16 mm 以内,并且视角在 180°左右的短焦距超广角摄影镜头。为了让镜头达到最大的摄影视角,这种摄影镜头的前镜片直径很短且呈抛物状向镜头前部凸出,因为和鱼的眼睛很相似,因此才有了鱼眼镜头的说法(图 2.11)。

鱼眼镜头的视角非常大,所以使用鱼眼镜头拍摄全景照片时只需要少数几张照片即可(图2.12)。

图 2.10　QuickPan Spherical 云台

图 2.11　鱼眼镜头

图 2.12 鱼眼镜头拍摄的全景照片

- 全幅面鱼眼：$f = 15\,\text{mm}$，对角线视角为 $180°$ 的鱼眼镜头。
- 圆幅面鱼眼：$f = 8\,\text{mm}$，上下及左右视角均为 $180°$ 的鱼眼镜头。

一般情况下，使用圆幅面鱼眼拍摄立方体/球形全景时，如果相机沿镜头节点旋转的话，最少只需要旋转 $180°$ 拍摄 2 张照片即可，此时可以使用 Panoweaver 这样的软件进行快速的拼接。

由于圆幅面鱼眼镜头的边缘成像质量会有明显下降，因此亦可每次旋转 $120°$ 拍摄 3 张，以保证整体影像画质（图 2.13）。

图 2.13

鉴于8 mm鱼眼镜头安装到目前常见的APS画幅单反相机上之后,其等效焦距一般会变为12.8 mm左右,介于全画幅与圆画幅鱼眼的视角之间,此时画面上下方向的视角为180°,所以此时也可以采用水平拍摄4张的方式(图2.14)。

图 2.14

如果采用15 mm的全幅面鱼眼镜头拍摄的话,则可以有多种方法:
(1)水平拍摄6张,加上上下各拍摄一张。如图2.15所示。

图 2.15

(2) 云台向上倾斜 45°拍摄 6 张,向下倾斜 45°拍摄 6 张。如图 2.16 所示。

图 2.16

4. 立方体/球形全景的手持拍摄

我们也可以使用普通的相机,并且在没有专业云台的情况下进行立方体/球形全景的手持拍摄,具体方法如下:

(1) 选择等效焦距在 28 mm 以内的广角镜头,而且等效焦距短的话需要拍摄的照片的数量就可以少一些,如使用 24 mm 的则可以比 28 mm 少拍摄一些。

(2) 以拍摄的当前位置为中心,努力围绕当前中心旋转相机,力求把所拍摄位置的各个角度的影像都拍摄下来(图 2.17)。

(3) 使用 PTGui 软件进行合成,加载图片之后点击界面上的"高级"按钮,展开高级选项,在"优化器"中的选项"将镜头畸变减到最小"中选择"严重+镜头位移",之后再进行图像的拼接(图 2.18、图 2.19)。

2.2.4 立方体/球形全景的后期处理

立方体/球形全景的拍摄往往不可避免地会将三脚架拍进画面,此时我们通过后期处理来进行修补。

首先是可以在拍摄完之后,将相机取下,在拍摄的原位置对地面单独拍摄一张没有三脚架的素材,以作为补地的素材,如果地面较为简单则可直接在 Photoshop 中使用橡皮图章工具进行修补。

图 2.17

图 2.18

图 2.19

(1) 将照片按每个拍摄点分类。同一组照片放置于同一文件夹并用拍摄地名作为文件夹名(方便后续步骤)。

(2) 用 PTGui 软件合成全景图片。将每组照片拖进 PTGui,对齐后选择输出为 psd 格式。

(3) 用 Photoshop 打开 psd 格式的图片,通过不同图层间遮盖等方式将照片中移动的物体(多为人,也有动物、车等)所成的错位图像修正。后保存为 jpg 格式。

(4) 使用软件 MGI PhotoVista。如图 2.20 所示,选择 Open Panorama 打开修正后的图片(图 2.21、图 2.22)。

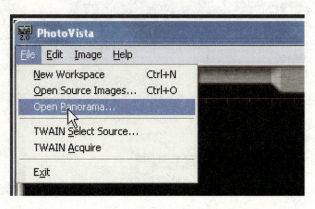

图 2.20

然后,将图片转化成立方体格式并保存(图2.23)。

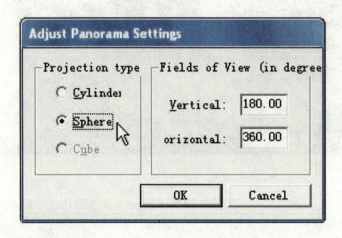

图 2.21 以Sphere的格式打开图片

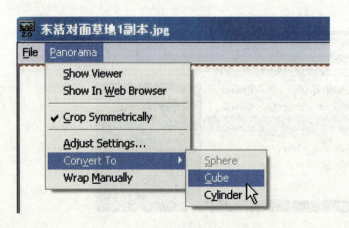

图 2.23　　　　　　　　　　　图 2.22

(5) 用 Photoshop 打开立方体图片,将出现三脚架的图片用图章工具或污点修复工具抹去三脚架,并保存(图2.24)。

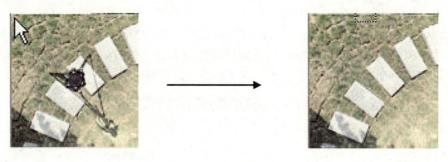

图 2.24

(6) 用 MGI PhotoVista 的 Open Panorama 打开修改好的图片,默认以 Cubie 格式打开,同上述步骤(4),将其转化为 Sphere 格式再保存。就得到完整的全景图(图2.25)。

图 2.25

如果地面较为复杂,则可以使用移开三脚架之后将相机放置在原位置补拍的地面照片,在 PTGui 合成阶段将无三脚架的地面补拍照片覆盖有三脚架的地面照片,以补回被三脚架遮挡住的地面信息。

2.2.5 立方体全景浏览

上述制作完成之后,我们就可以将最终的 Equirectangular 全景图转换成为可以获取虚拟漫游效果的立方体全景。一种简易的工具是 Pano2VR(图 2.26),我们可以用其打开 Equirectangular 全景图(即矩阵球面投影图),之后可以选择转换为 Flash、Quicktime VR 或 HTML5 格式的立方体全景,并且可以设置诸多选项,如画面尺寸、分辨率及初始视角、自动旋转及旋转方向、速度和延迟、鼠标交互特性等,也可以定义全景热区、链接,以及使用软件预先定义的或完全自定义的界面外观,还可以添加背景声音或有三维空间效果的定向声源等。

图 2.26

2.3 其他的拼图技术

2.3.1 同心圆拼图

无论柱形还是球面全景或立方体全景,都是在一个固定的中心来浏览一幅固定的全景图像,也就是说,所看到的场景中任何物体都只有一个角度,也无法观看到场景中某些被遮挡的地方,这是普通全景 VR 的一个缺陷。

微软公司的沈向阳提出了同心圆拼图的方法,这种方法将一系列摄像机安装在一个旋转臂上,从而可以获取一个同心的柱面全景系列,利用这些同心柱面全景就可以重建一个能够多角度观察的场景。图 2.27 为沈向阳关于同心圆拼图的示意与效果。

图 2.27

2.3.2 线路全景

从柱面、球面、立方体全景到同心圆拼图,都是对一个小空间的重建,与此相对应的是,一些应用中也存在对一个连续场景的保存,如一条古街就具有虚拟保存的价值,而这种方式与上面所述的各种全景技术是截然不同的。

美国于 1972 年开始实施著名的 California 海岸线项目,该项目使用高速摄影机沿海岸连续拍摄了无数的照片,完整地记录了该海岸线的全部景观。用户通过网页中地图的导航可以浏览海岸线不同位置的风光。这样的项目其实就已经包含了线路全景的思想。如图 2.28 所示。

其实,线路全景的思想在中国古代的长卷绘画中就已经得到体现,例如著名的《清明上河图》,就是一个沿河流线路的全景绘画(图 2.29)。

2003 年,印第安纳大学与普渡大学印第安纳波里德斯联合分校的 Zheng J Y 在《IEEE Multimedia》发表了《Digital route panoramas》一文,提出了在车上使用摄像机沿街拍摄并且处理成为线路全景的方法。在这种全景里,整个画面就是一条非常长的图片,它被放在一个全景服务器上,浏览者通过特定的客户端程序访问,访问时的效果就像真的驾车穿越街道一样,如图 2.30 所示。

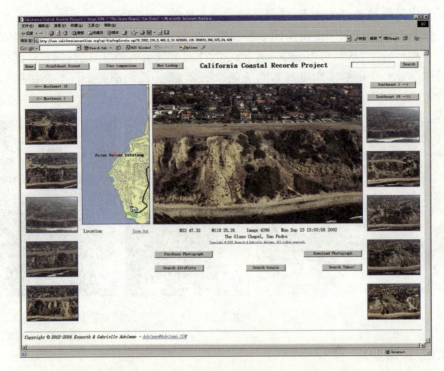

图 2.28

图 2.29

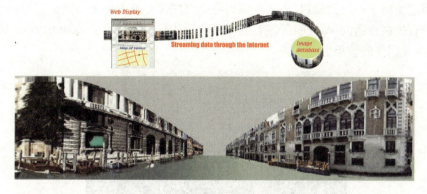

图 2.30

2.3.3 超高分辨率全景

使用相机的长焦端进行多行多列的网格状拍摄,然后做畸变校正,就可以拼接得到超高分辨率的全景图像,而这也是使用普通的低分辨率数码相机获取高分辨率照片的一种捷径,Canon Photostitch 等软件就提供了这样的功能(图 2.31)。

图 2.31

艺术家 Dave Johnson 则使用一台 600 万像素的数码相机拍摄了 196 张照片,他获得了分辨率高达 40 784×26 800 像素的全景图片,成为世界上最大的全景照片,如图 2.32 所示。

以此同时,高分辨率图片的浏览也成为虚拟现实的一种类型,并且出现了许多产品,如 Image Zoom Server、Zoomify、ViewPoint ZoomViwer 等,早期的这些产品大多使用一个图像服务器用于与客户端的图像通信,但这样由于需要服务器支持,用途受到了一定的限制,后来发展为将巨型图片分解为许多不同分辨率的小图片系列,放在普通的 Web 服务器上就可以访问,图 2.33 显示了 Zoomify for Flash 浏览笔者拙作的效果。

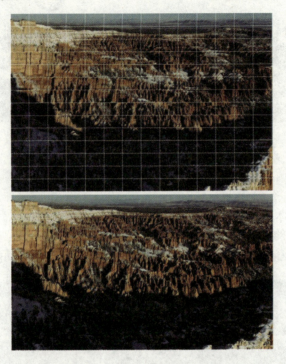

图 2.32

图 2.33

2.3.4 物体的全景展示

与风景的全景展示相对应的是实际物体的展示,基于图像的物体三维展示采取对旋转台上的物体拍摄多张照片,然后互动浏览的方法,在 QuickTimeVR Authoring Studio、Obj2VR 等专业工具中还可以将多行多列的物体照片拼合为一个物体全景,当左右方向拖动鼠标时就显示水平方向不同角度的照片,当上下拖动鼠标时就显示上下方向不同角度的照片,从而给人互动观察物体的体验(图 2.34、图 2.35)。图 2.36 为艺术家 Denis Gliksman 使用多行、多列物体全景技术对香蕉的幽默表现。

图 2.34 单行物全景体拍摄台

图 2.35 多行物全景体拍摄台

相关硬件：VR 物体旋转台。

图 2.36

2.4 全景秒拍与全景视频

2.4.1 全景的多视角同步拍摄

传统的全景拍摄模式需要借助专门的全景云台，进行多角度扫描式拍摄，一个场景的拍摄需要耗费较多时间。随着 VR 技术的流行，全景及全景视频拍摄的需求越来越旺盛，这直接推动了能够实现高效率全景拍摄的设备迅猛地产生和发展。这类设备面向专业型用户，一般一次操控即可拍摄全景视角 360°甚至 360°×180°的完整信息，高端的设备除了拍摄静态全景画面，还可以拍摄全景视频。

能够一次性拍摄 360°视角的设备有两种类型：用于普通照相机和摄像机的反光碗镜头和一体化的专业型全景摄像机。使用反光碗结构镜头的有 PAL 360° Lens System、360oneVR、OneShot360、Sony Full-Circle 360° Lens 等（依次如图 2.37 中所示），这些镜头可以通过一次曝光记录下一个柱形全景的全部信息，如 2.37(d)图所示。

一体化的专业型全景摄像机则有 Flycam、DODECA 1000、FullView、Lady-Bug、诺基亚 OZO、Panono Ball Camera、GoPro Omni（也有 6 台 GoPro 相机或小蚁相机配合 DIY 相机支架）、Sphericam、IRIS360 等（图 2.38）。近几年来，我国的技术公司研发出多款全景相机或全景摄像机，如得图、视维云、Teche 等（图 2.39），与采用单反相机结合全景云台拍摄的全景相比较之下，在画质、分辨率以及后期处理的灵活性方面，这些全景相机均会逊色一些，并且往往有其硬件特征产生的不可避免的接缝,同时价格一般也比较高,但是它们最大的优势在于能够高效率大批量地产生全景图片或视频。

以此同时,一些面向普通消费者的全景相机也以较低的价格出现,如 insta360、insta360 nano、Eyesir、LG 360 CAM、暴风魔眼、Bublcam 等(图 2.40),这些设备从尺寸到价格都接近于智能手机,无疑将极大地推动全景影像的普及与流行。

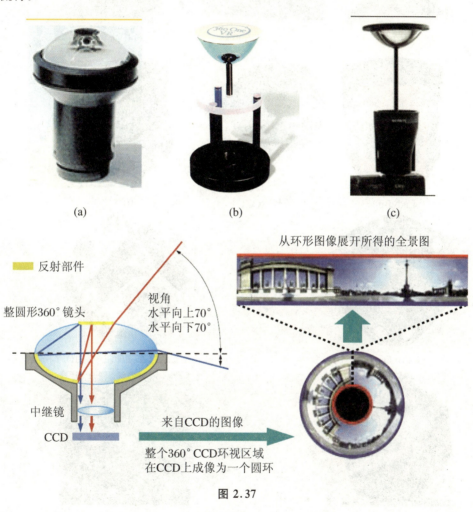

图 2.37

图 2.38

第2章 基于图像的虚拟环境漫游技术

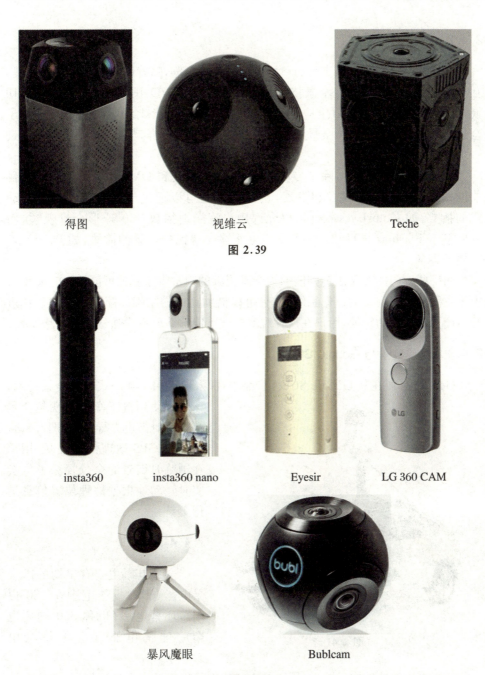

得图　　　　　视维云　　　　　Teche

图 2.39

insta360　　insta360 nano　　Eyesir　　LG 360 CAM

暴风魔眼　　　　Bublcam

图 2.40

2.4.2 视频全景播放

普通的全景图像可以满足简单场景的的虚拟浏览,随着影视和娱乐业的发展,互动式电影的需求推动着全景技术的进一步发展,DVD 开始支持多角度同步切换,这其实也就是在 DVD 上应用了全景视频,DVD 电影《哈利·波特2》就使用了全景技术制作;与此同时,全景监控与视频会议的需求也推动了全景摄像技术的进一步发展。

全景视频获取之后,除了专业用途如全景监控和 DVD 制作之外,由于目前网络速度不断地在提升和发展,全景视频还可以通过专门的软件进行互动式的播放,如 KolorEyes 软件可以允许用户流畅地播放 360°球形全景视频,而一些基于 Flash 或 HTML5 的播放器也能够支持视频全景的播放,如 Pano2VR 的播放器等。

而一些专门的 VR 眼镜则能够为全景视频的观赏带来新的可能性,如 Oculus,由于它能够封闭用户的视觉系统,并且可以借助其中的陀螺仪配合用户的动作进行角度方位的自动转换,用户在这种观看模式下能够获取更为强烈的沉浸感体验。

2.4.3 视频全景与 Google Street

Google 公司在其 Google Street 产品中,深入地应用了互动式视频全景技术,该公司使用置于车顶的视频全景摄像机对街道进行拍摄(图2.41),并且与 GPS 地理信息关联,用户在浏览时街景的全景视频影像会实时互动地根据地理位置信息进行更新。

图 2.41

2.4.4 全景电影

全景电影主要有早期的准全景电影(影像投影范围在 180°以内),环幕电影(也称 360°圆周电影)、球幕电影(也称苍穹电影)等。

环幕电影放映厅内呈圆形,周边是由 9 块银幕组成的一个环形银幕,由多台放映机同时放映,观众观摩时,站在圆周中心位置,前瞻后瞩,左顾右盼,令人目不暇接(图 2.42)。

图 2.42

球幕电影利用电影摄影设备,配上广角鱼眼镜头摄制出球幕电影,其画面通过鱼眼镜头放映在一个半圆形球体银幕上(图 2.43)。球幕电影在纵向上的投影范围比环幕电影要高得多,往往达到 160°以上,而且在观众头顶上也有影像,因而画面景象壮观,气势磅礴,加上多声道立体声效果,可以产生强烈的身临其境的感觉。

图 2.43

2.5 全景的逆向应用

2.5.1 全景的实境化应用

全景图像获取之后还可以将它们打印出来以实境的方式重建真实场景,如前面提到的Jeffrey Shaw等人的作品以及CAVE等都是对全景图像的实境化应用。

除了对全景的柱面实境化之外,对柱面全景还可以实现扇面、台灯罩等变换处理,而对Equirectangular贴图则除了比较简单的立方体化之外,还可以实现多面体和球面化变换(图2.44)。

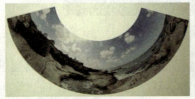 

图 2.44

2.5.2 全景绘画

清明上河图体现了一种平面的全景效果,而借助于Equirectangular贴图与立方体贴图的转换与拼接技术,还可以将传统的绘画作品处理成为一个虚拟的三维绘画空间,使得观众可以置身艺术作品内部并且与之互动,从而产生一种前所未有的体验。笔者的拙作《数字心脏·达利》将达利的作品处理到一个虚拟的三维空间,图2.45为与该作品互动浏览过程中的屏幕截图。

图 2.45

2.6 基于照片的建模

2.6.1 基于 MPEG-4 的人脸动画技术

MPEG-4 通过对中性人脸模型的定义,使用两个参数集合——人脸定义参数 FDP 和人脸动画参数 FAP 来描述各种个性化的人脸。MPEG-4 共定义了 68 个人脸动画参数,包括了对可视因素和表情、舌头、颚、下巴、嘴唇内侧、嘴角、头部旋转、眼球、瞳孔、眼睑、嘴唇外侧、眉毛、鼻子、脸颊、耳朵等基本脸部动作的定义。而在 FDP 中,MPEG-4 利用中性人脸模型定义了 84 个特征点,为定义人脸动画参数提供空间参考,如图 2.46 所示。

基于 MPEG-4 对人脸的定义,将相应的特征点与实际照片匹配之后就可以从一张静态图片甚至是绘画作品中的面孔实施脸部动画。在笔者的拙作《表情 2001》(图 2.47)中,毕加索画中的人物口念 2001 年 Google 排行最热门的词汇,并且做出各种表情。

2.6.2 "画中游"技术

与人脸动画技术类似的另外一种从单一静态图片产生虚拟场景的技术是画中游技术,最近一些研究提出了只使用一张照片来建构 3D 场景的技术。这种技术利用一种称作"蜘蛛网"的图形界面以及消失点的设定,简易且快速地建构一个几

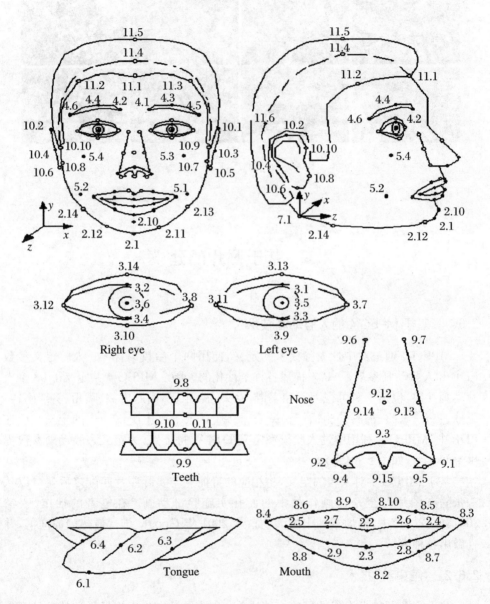

图 2.46

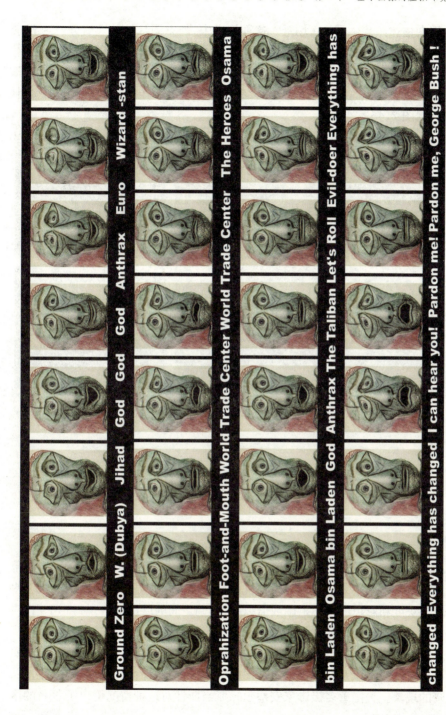

图 2.47

何模型,用来描述照片中的 3D 场景。这种技术中,静态图片被处理后分解为背景图片和带有遮罩的物体系列,背景图片被使用透视网格进行三维变换。带有遮罩的物体系列则可以在场景中运动,与此同时,场景摄像机的运动也造成了背景图像被拉近或拉远的效果,这样一来就实现了在由照片或绘画作品构成的虚拟场景中漫游的效果(图 2.48)。

图 2.48

2.7　HDRI 图像动态范围优化

　　动态范围是指胶片、照相纸和 CCD 芯片等曝光器材所能够记录的最大影调范围。动态范围又是用来表示一台数码相机或扫描仪可能捕捉到影像的不同灰度水平的数值。灰度和彩色的动态范围数值越高,影调之间的层次就表现得越平滑,对影像暗部细节的再现能力就越强。

　　在风光摄影中,经常会遇到反差极大的场景,虽然肉眼看上去不错,但由于照片纸张动态范围较窄以及曝光器动态范围较窄,获得的照片往往会出现亮部过亮、暗部过暗的现象。美国著名摄影家安塞尔·亚当斯针对这种情况提出了著名的区域曝光理论,是半个多世纪以来摄影科学的基本理论之一。亚当斯在他所写的《负片与照片》一书中对此作了详尽的表述。然而他所介绍的方法比较复杂,而且在一些特殊的摄影领域如全景摄影,由于曝光面积范围过长,场景明暗反差往往非常高,这种方法也就无能为力了。

家用型数码相机可以记录 8 比特 256 级的灰度水平。彩色数码相机由 24 比特深度的色彩的影像构成,它可以记录到 1600 多万种不同的色彩。而比较专业的数码相机往往可以提供 12 比特的灰度水平,也就是 42 比特的色彩深度,这样就为影像动态范围的提高提供了良好的条件。

使用比较专业的数码相机,拍摄获得的数码照片具有高达 42 比特甚至更高的色彩深度,这样的图片记录了非常完整的色彩信息,即便将其变亮或者变暗许多倍仍然保持有大量的细节。这样我们可以只拍摄一次照片,然后通过软件调整出其在不同曝光值之下的图像系列,而后我们通过对这样一个图像系列的优化,也可以获得一个高动态范围的图片。

2.7.1 HDRI 图像

图 2.49 的示例显示了高色彩深度数码照片(42 比特图像)与普通数码照片(24 比特图像)在进行亮度增强以及减弱之后的对比,可以看得出,高色彩深度数码照片在变暗很多倍之后它的亮部就会重现出原本的细节,反之在变亮很多倍之后它的暗部也会重现出原本的细节,这是普通的数码照片所不具备的。基于这样的特点我们就可以使用单一的高色彩深度数码照片来产生一个不同亮度的照片系列,从而通过数字技术进行处理以获取高动态范围的照片(图 2.50)。

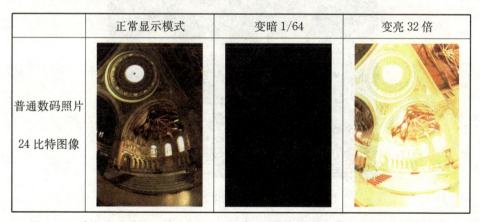

图 2.49 高色彩深度数码照片与普通数码照片在进行亮度增强以及减弱之后的对比

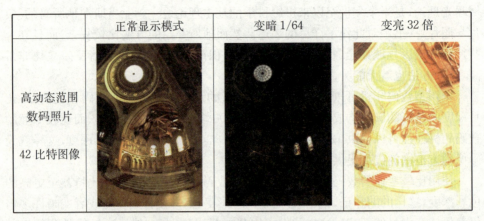

图 2.49(续)

图 2.50 动态范围优化之后的照片

2.7.2 传统方法:包围式曝光照片系列的优化

这种方式下,数字相机以包围式曝光的方式获取一个照片系列(图 2.51),如:为了从一个不同曝光值或亮度的照片系列获取一个高动态范围的照片,我们可以使用专业的动态范围优化软件来实现,如:

HDRShop   http://www.debevec.org/HDRShop
Optipix   http://www.reindeergraphics.com/optipix
Photomatix http://www.multimediaphoto.com/photomatix

图 2.51 包围式曝光方式获取的照片系列

这里我们采用 Photomatix 软件对这组图片进行优化。首先打开图片文件,然后选择"H&S Details→Adjust"菜单,这时可以对目标图像的效果进行细致的调节,达到理想状态时确定,就可以获得一张动态范围优化的照片,这样就可以在普通显示器上正常观看了,如图 2.51、图 2.52 所示。

图 2.52 动态范围优化之后的照片

这种方法需要拍摄大量照片，而且由于环境光线乃至环境中的物体本身也会发生迅速变化，所以不仅比较麻烦，而且环境的变化也容易导致照片信息错误。

2.7.3 HDRI 图像的动态范围优化

对单一高颜色深度图像文件，即 HDRI，进行动态范围优化是目前国际图像图形学研究领域的一个热门课题，往往将图像按照光强划分为若干个区域，再对各个区域进行不同的曝光算法处理，USC（University of Southern California）ICT 研究中心的 Paul Debevec 等人在这个领域做了大量的研究，著名的 HDRShop 就是这个研究中心开发的。

2.8　全景 VR 与建模场景的融合

2.8.1 全景与三维整合

基于照片的全景技术具有高度的真实感，但是只能绕定点环视，而不能自由地在场景中漫游；基于建模的虚拟现实技术虽然能自由地在场景中漫游，但是基于几何模型的三维场景又给人以"太假"的感觉。在这种矛盾之下就出现了将全景与三维整合的技术，这种技术大多以立方体全景为三维场景的背景，将三维模型与之紧密地整合在一起，从而使这样的场景既让人觉得真实，又能让人自由地在其中漫游。

实现这种功能的技术比较典型的有：RealViz SceneWeaver、SPi-V 等，它们都基于 Director ShockWave 3D，使用立方体全景的六个面构造一个立方体状的三维场景，然后在里面置入可以与用户互动的三维模型。

2.8.2 视频图像在三维场景中的组织

索尼公司的视频 Web 3D 技术中的 Blendo 技术擅长于在三维空间中组织安排视频图像，而且能够实现一些复杂的图像效果，同时它还提供了对 VRML97 大部分元素的兼容。

第 3 章 基于三维建模的虚拟互动漫游

基于图像的虚拟现实技术具有高度的真实感,但是却不能真正地在三维场景中漫游,而基于三维建模的虚拟现实技术则可以实现真正的虚拟漫游。

另一类是基于模型的三维体验,真实建筑场景的虚拟漫游。其技术思路多为制作一个矢量化的 3D 模型,开发一个实时渲染引擎并显示具有交互性的 3D 图形或动画。这种技术才是真正的三维方式。

基于几何建模及模型导入的技术,通常利用造型软件手工搭建三维模型,建立场景。首先,这种方法需要耗费大量的时间建立模型,工作量很大,一般涉及测量现场、定位和数字化结构平面或者转换现存 CAD 数据;其次,很难校验其结果是否精确。其漫游场景是由计算机根据一定的光照模型绘制,色彩层次没有自然景观丰富,带有明显的人工痕迹,即使采用贴图渲染也不能逼真地再现现实世界。这种虚拟漫游的最大特点是:被漫游的对象是已客观真实存在着的,只不过漫游形式是异地虚拟的而已,同时,漫游对象制作是基于对象的真实数据。如:

(1) 真实名胜景观的虚拟观光旅游

这种虚拟漫游使游客足不出户就可以游历世界各地名胜和风光。异地漫游的对象,除久负盛名的名胜和宏伟建筑群等景物景点以外,还包括要进行虚拟漫游式检查的管道纵横的复杂车间和厂房。因此,虚拟的漫游对象在制作时,对真实数据的测量精确度要求很高。

在名胜景点虚拟漫游系统的开发方面,我国科技工作者制作的敦煌莫高窟博物馆参观系统、中国的故宫以及西湖风光虚拟游览系统都具有一定代表性。

(2) 虚拟景观环境的虚拟漫游

虚拟环境是指客观上并不存在,是完全虚构的,或者虽有设计数据但尚未建造的环境。虚拟环境场景漫游是一种应用越来越广泛、前景十分看好的技术领域。在建筑设计、城乡规划、室内装潢等建筑行业,在虚拟战争演练场和作战指挥模拟训练方面,在游戏设计与娱乐行业,乃至在促进未来新艺术形式诞生等方面,它都大有用武之地,而且代表着这些行业的新技术和新水平。

目前,虚拟环境漫游的最大难点在于建模逼真度和绘制实时性的矛盾。由于这种漫游所看到的景象离观察者近,就要求绘制非常逼真。因此,建模时构造要精细,会耗费很多时间。同样,由于计算机性能的制约,构造出来的模型越复杂,在绘制时要达到实时效果就越困难,实时性太差又会使观察者无法接受。

这对矛盾是整个虚拟现实系统普遍存在的。一般来说,需要在精确程度和绘制速度两方面取一个折中值,即不仅满足一定的绘制真实感,又不造成观察者的动态不适感。也可以运用多层次细节(LOD)方法为场景生成不同的细节层次,可大大减少绘制的计算量。还可以采取一些场景预处理办法,例如用辐射度的方法,可在漫游时省去许多计算光照的计算量。

3.1 基于建模的虚拟实境开发系统

擅长于物体虚拟展示的技术有 Quest3D、Cult3D、VIEWPOINT 等,它们能够提供高度真实的渲染效果,并且可以实现一些与模型的互动,常用于电子商务的商品在线展示。另外还有一些新兴的虚拟现实开发系统,如 Unity、Mind Avenue AXELedge、Adobe Atmosphere、Shockwave 3D、Anark、EON Studio、BS Contact、VR Platform 等,这些系统擅长大型景观场景的展示,并且具有较强的与多媒体整合的能力。

Virtools 是一个强大的网络三维开发环境,有高度真实的渲染效果以及丰富的粒子特效,还提供了程序开发接口用于实现复杂的功能,配合服务器端的支持还可以开发三维多用户游戏。

此外,还有 OpenInventor、WTK、Multigen VEGA、Java3D 等编程开发环境,主要适合于编程开发人员。

1. 基于照片系列的三维重建

软件建模是三维模型重要的制作方式,这种方式的制作成本是比较高的,即便是一些不是很复杂的物体建模也要花费大量的时间精力。然而,对真实物体建模之后,为了获取比较真实的感觉,还需要花费大量的精力进行材质贴图的制作和调整。

为解决这个问题,近几年出现一种新的建模技术——照片建模技术。即对建模对象实地拍摄两张以上的照片,根据透视学和摄影测量学原理,标志和定位对象上的关键控制点,建立三维网格模型,并且能够将素材照片上的纹理处理成所获得的三维模型的材质贴图。

目前这类软件有 Canoma,Photo3D,PhotoModeler,ImageModeler(图3.1)等。

图 3.1　照片建模软件 ImageModeler

2. 三维激光扫描

要求精度高时,要利用激光扫描仪来获得真实图像的数据。三维激光扫描采用空间对应法测量原理,利用激光刀对物体表面进行扫描,由 CCD 摄像机采集被测表面的光刀曲线,然后通过计算机处理,最终得到物体表面的三维几何数据。根据这些数据即可快速构成实物的三维模型。图 3.2 为 Rainbow 3D® Camera。

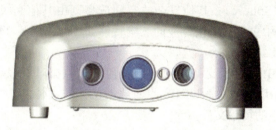

图 3.2　Rainbow 3D® Camera

3.2 基于 VRML/X3D 的场景虚拟漫游技术

在景观环境的虚拟漫游实现中,建模与材质设计的工作一般由专门的三维软件如 3DS MAX 等完成,然后使用输出插件将其输出为虚拟漫游软件支持的格式,虚拟漫游软件做的工作主要包括:

① 将这时的场景重新进行组织安排;
② 增加交互性和物理特征,如碰撞检测等;
③ 增加环境效果,如光线效果、雾效、粒子特效等;
④ 增加多媒体整合,如音频视频的整合使用等。

本章的内容将着重结合上述的四个方面展开。

3.2.1 VRML 与 X3D 基础

1. 什么是 VRML

VRML(Virtual Reality Modeling Language),即虚拟现实造型语言,是用来描述、建立三维虚拟世界的文件格式,广泛地应用于在 Internet 上创建虚拟的三维空间。VRML 可以创建各种 3D 物体,如虚拟的建筑物、城市、山脉、飞船、星球等,还可以在虚拟世界中添加 3D 声音、动画、光照效果和云雾效果等,使用它的感应与控制节点建立互动式的虚拟场景。

2. VRML 造型

VRML 提供了几种基本的几何节点,将它们和 Shape 结点一起使用能创建原始造型。这些预定义的或原始的造型包括长方体(Box)、圆柱体(Cylinder)、圆锥体(Cone)和球体(Sphere)。其他复杂的空间造型则由其他高级的造型方法来创建,当然实际应用中更多的是由专业的三维软件如 3DS MAX、Maya 等创建模型,然后输出为 VRML 格式。

早期的 VRML 标准只支持多边形的几何描述数据,因而场景文件往往非常大,VRML97 开始增加了对 NURBS 曲面数据描述的支持,因此可以获得更光滑的展示效果和更小的场景文件。

3. VRML 的互动设计

VRML 与用户的互动主要有两种,一种是导航,例如步行、飞行等,另一种是使用检测器节点,通过它们检测用户与三维场景中的物体的互动(如按动开关)、用户在场景中的动作以及时间的推移等,检测器提供的这些信息通过事件体系产生视觉或听觉效果,给用户造成和世界互动式的体验。

4. X3D

X3D 是 Wed3D 协会制定的下一代 VRML 标准。X3D 是在重要软件厂商的支持下提出的,如 3Dlabs、ATI Technologies、Blaxxun、Nexternet、OpenWorld、ParallelGraphics、Sony Electronics、US Army STRICOM、SGDL Systems。X3D 与 MPEG-4 和 XML 兼容。X3D 将集成到 MPEG-4 的 3D 内容之中,使用 XML 语法。它与 VRML97 向后兼容,即 X3D 能提供标准 VRML97 browser 的全部功能。X3D 的主要任务是把 VRML 的功能封装到一个轻型的、可扩展的核心之中。由于 X3D 是可扩展的,开发者可以根据自己的需求,扩展其功能。

3.2.2 基于 VRML/X3D 的场景虚拟漫游技术简介

建模与材质设计的工作一般由专门的三维软件如 3DS MAX 等完成,然后使用软件输出选项中的 VRML EXPORT 将其输出为 wrl 格式,供 VRML 创作软件导入进行互动设计。

在虚拟漫游中,过于复杂的场景模型将产生过高的系统消耗而导致系统反应缓慢甚至死机,作为虚拟漫游使用的虚拟景观场景保存了大量的模型数据,必须进行优化,场景的优化主要有如下措施:

采用建模软件的多边形优化功能对场景进行"减肥",也可以采用专业的多边形优化工具,如 Rational Reducer 等优化场景。

尽量利用 VRML 的四种原始结构节点(Box、Cone、Cylinder 和 Sphere)来构建复杂的造型,很多造型虽然在三维建模软件里也很容易实现,但是三维建模软件输出为 VRML 后文件容量往往会变得非常庞大。

建模时尽量减少面片的分段数,三维建模软件中,分段数越多,生成的面就会越多,这样输出为 VRML 之后容量也会变得非常庞大。

使用简单模型,为了减小模型容量和复杂度,我们还可以将模型中看不见的部分如内墙等结构删除掉,进一步简化场景。

使用关联复制(Instance),Instance 是三维建模软件中对象的关联拷贝,当你改变任何一个关联复制品的时候,所有其他的复制品都会随之改变。使用关联复制生成的对象的面的原始数据只在 VRML 码中定义一次,这样就可以大幅度降低场景的数据冗余。

3.2.3　X3D文件结构

X3D文件结构示意图如图3.3所示。

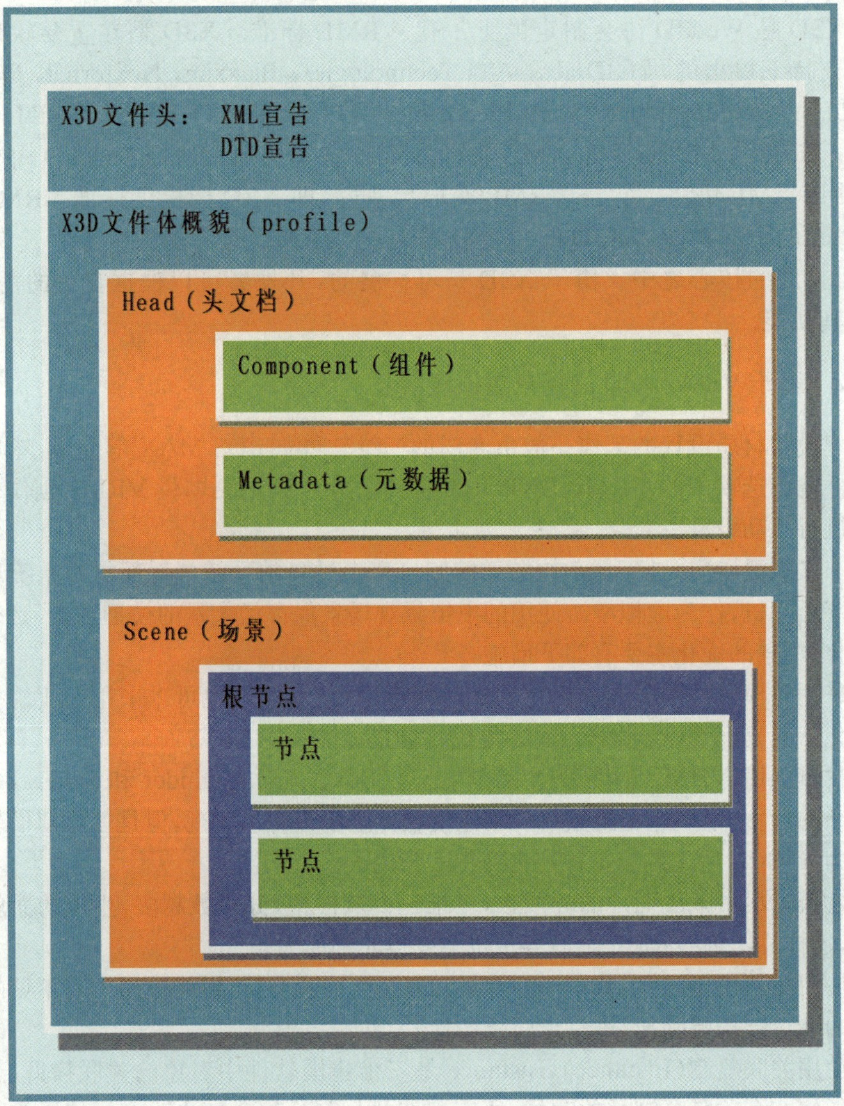

图3.3　X3D文件结构示意图

1. VRML、X3D 创作系统

X3D-edit、CosmoWorlds、SitepadPro 等工具提供了简洁便利的基于 VRML/X3D 的虚拟场景创作环境(图 3.4、图 3.5),我们可以在其中对三维软件输出的 VRML 场景进行可视化的编辑创作。由于实际上进行 VRML 设计时仍然需要对其语法有较深入的了解,因此我们将虚拟景观漫游中会涉及的一些重要的 VRML 语法进行一些介绍。

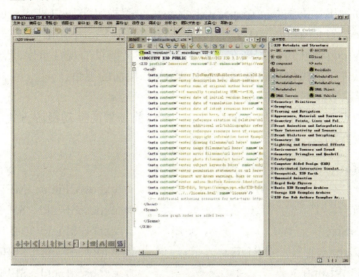

图 3.4　X3D-Edit 界面

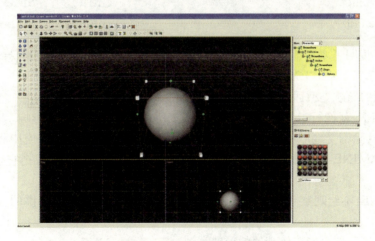

图 3.5　CosmoWorlds 界面

2. 场景互动观赏模式设置

在 VRML 标准中,对虚拟场景的漫游方式由 NavigationInto 节点提供,它告诉三维浏览器有关观察者替身的信息和如何使用当前的视点导航。

(1) 视角

视点定义了处于局部坐标系中的一个指定位置,用户可以从该点来观察场景。

视点可以被放置在 VRML 世界中来指定在刚刚进入场景中的观察者的初始位置。例如:URL 语法"…/scene.wrl♯EastGate"指出当用户进入 scene.wrl 世界时的初始位置是 scene.wrl 文件中 DEF EastGate Viewpoint {…}定义的地方。

节点 Viewpoint 可以用来在 VRML 里面定义场景的观赏角度,默认情况下,三维建模软件中的摄像机将被输出成为 VRML 里面的视角。

(2) 导航节点 NavigationInto

导航节点 NavigationInto 的作用是指定当前场景的互动漫游方式,可以指定漫游方式为在场景中行走、飞行、检视等。

```
NavigationInfo{
type              "WALK"             # exposedField   MFString
speed             1.0                # exposedFidld   SFFloat
avatarSize        [0.25,1.6,0.75]    # exposedField   MFFloat
headlight         TRUE               # exposedField   SFBool
visibilityLimit                      # exposedField   SFFloat
set_bind                             # eventIn        SFBool
isBound                              # eventOut       SFBool}
```

type 说明了观察者替身所用的运动类型,主要包括四个标准的导航类型:"WALK","FLY","EXAMINE"和"NONE"。

不同的导航类型适用于不同的情况:

WALK:就像行走在虚拟世界,要受限于所在地形并受重力的影响。

FLY:除不受地形和重力影响之外类似于 WALK 观察者,像在空中飞行。

EXAMINE:观察类型,可用来观察单个物体,通常提供转动或把它移近或移远的能力。

NONE:不给观察者提供任何专项功能,用户只能用场景提供的控制进行浏览。

有些浏览器也能提供其他的导航类型:

speed:指定了被推荐替身的移动速度,按每秒移动的单位长度计算。

avatarSize:描述了观察者替身的大小特性。

headlight:用来开启或关闭替身的头灯。

visibilityLimit:说明了到视方锥体远端的距离,并建立了观察者所能看到的最远距离。超过这个限制距离以外的造型,将不能被浏览器画出。

(3) 锚点(Anchor 节点)

如同在 HTML 文件中一样,在 VRML 文件中同样能在不同的页之间跳转,当单击一个物体时,就会从该页跳转至相关页。这在 VRML 文件中是通过 Anchor 节点实现的。

3. 大型场景组织技术

建筑景观虚拟漫游的场景一般都包含非常多的模型,场景也往往会有多个子场景构成,这就需要在进行场景建模时分别设计,然后再组装在一起。另外一方面,即便是小型场景,把整个的场景放在一个文件里会导致难以进行进一步的交互设计等。

(1) Inline

Inline 节点提供了一种可以先把大型场景分别进行设计,然后再组装在一起的可能性。

下面的例子提供了组织一个由三个子场景构成的大型场景的实现方法:

```
#VRML V2.0 utf8
Group{
children
[
Anchor {
  children  Inline {
    url"01.wrl"
  }
  description"子场景1"
}
Anchor {
  children  Inline {
    url"02.wrl"
  }
  description"子场景2"
```

```
}
Anchor {
  children  Inline {
    url"03.wrl"
  }
  description"子场景3"
}
} ]
}
```

(2) LOD

LOD 节点可使浏览器自动地在不同的物体造型描述之间进行切换。显示哪一细节层次是根据对象和用户之间的距离决定的。距离是在 LOD 节点的局部坐标系中测定的，是指从视点到 LOD 节点 center 之间的距离。如果此距离小于 range 域的第一个值，则 LOD 的第一细节层将被画出；如果此距离在 range 域的第一个和第二个值之间，则画出第二细节层，依此类推。如果在 range 域中有 n 个值，LOD 应当在 level 域中有 $(n+1)$ 个节点。如果定义的层数太少，将导致节点与被显示物体间的距离变化很大，而显示细节层不变化的情况出现；如果定义层数太多，多余的层将被忽略。

LOD 范围的设置应使从一个细节层到下一个细节层的转化十分流畅。由浏览器判断应显示哪一个细节，以便保持浏览速率，并且在必要时即便能够获得一个较高的细节层，也仍显示一个简单的细节层次。

如果在 range 域中没有指明任何值，表明浏览器能自己决定选什么值来优化渲染性能。为求得最好的结果，仅在必要时指定 range 内容。

下面的例子提供了一个由近到远分别显示低、中、高三种分辨率模型的场景的实现方法：

```
#VRML V2.0 utf8
NavigationInfo {
  speed 2
  type [ "FLY" "EXAMINE" "ANY" ]
}
LOD {
```

```
range [ 4, 8, 16 ]
level [
  Inline {
    url [ " HighDetail. wrl"]
  }
  Inline {
    url [ " MediumDetail. wrl"]
  }
  Inline {
    url [ " LowDetail. wrl"]
  }
  WorldInfo {
    info [ "null node" ]
  }
]
}
```

4. 感应与控制

(1) 检测碰撞

Collision 组节点观测何时观察者和组中的任何其他造型发生碰撞。

```
Collision {
addChildren            # eventIn MFNode
removeChildren         # eventIn MFNode
collide        TRUE    # exposedField SFBool
bboxCenter     0 0 0   # field         SFVec3f
bboxSize       -1 -1 -1 # field        SFVec3f
proxy          NULL    # field         SFNode
                       # collideTime eventOut SFTime
children               # exposedField MFNode
[
]
}
```

children 的值指定了一个包含在组中的子节点列表。典型的 children 域值包括 Shape 节点和其他组节点。

bboxSize 域的值指定了一个约束长方体的尺寸,这个尺寸的大小要足以包容组中的所有造型。

bboxCenter 域的值指定了约束长方体的中心。

collide 使得对于组子节点的碰撞检测变为有效或无效。

proxy 指出一个可以选择的造型,用来做子节点造型的简单替代。当碰撞检测时,代理造型被用于代替子节点造型。子节点造型被实际创建,代理造型并不创建。

collideTime eventOut 事件输出碰撞时间。

(2) 感知接触

TouchSensor 节点创建了一个检测观察者动作和转换它们为适当输出以触发动画的传感器。TouchSensor 节点可以是任何组结点的子节点,并且它感知观察者所在各组中的动作。可感知的造型是一个三维用户界面上的按键,它常用于在虚拟空间中触发一个动画。

(3) 传感器

① 平面传感器

PlandSensor 节点用于检测观察者的动作,并将这些动作转换成时域操作造型的输出,就像观察者在一个二维平面上运动。传感器节点的输出通常被路由到 Transform 节点,并引起造型的平移。

当观察者把光标移动到一个可感知的造型上时,在击点位置就会建立一个虚拟的平坦的轨迹面,它与传感器父群组坐标系中的 XY 平面平行,并且通过击点位置,击点是这个轨迹面的原点。当观察者在定点设备的按键被按下的状态下移动光标时,轨迹点就从击点的一个初始位置开始沿着轨迹面滑动。水平的光标移动使轨迹点水平滑动,垂直的光标移动使轨迹点垂直滑动。

② 球形传感器

PlandSensor 节点用于检测观察者的动作,并将这些动作转换成时域操作造型的输出,就像观察者在转动一个球体。传感器节点的输出通常被路由到 Transform 节点,并引起造型的旋转。

当观察者把光标移动到一个可感知的造型上时,在击点位置就会建立一个虚拟的轨迹球体表面,这个轨迹球体的中心在传感器父群组的坐标系中心。当观察者在定点设备的按键被按下的状态下移动光标时,轨迹点就在轨迹球的表面滑动。

③ 圆柱传感器

CylinderSensor 节点用于检测观察者的动作,并将这些动作转换成时域操作造型的输出,就像观察者在绕轴转动一个圆柱体。传感器节点的输出通常被路由到 Transform 节点,并引起造型的旋转。

5. 环境效果的实现

(1) 云雾

云雾相关效果可以通过 fog 节点产生。

```
Fog{
    fogType "LINEAR" ♯随着观察者的距离增加,雾的浓度增加的速率。
    ♯ "LINEAR" "EXPONENTAL"
 visibilityRange  0  ♯观察者能在雾中看到所有东西的最大距离。0 或小于 0 的值表示没有雾。
    color 1 1 1 ♯ 雾的颜色
}
```

(2) 光线的创建

点光源的创建:PointLight 节点。

平行光源的创建:DirectionalLight 节点。

锥形光源的创建:SpotLight 节点。

(3) 背景天空地面

通过 Background 节点实现,可以指定天空、地面的角度、颜色等信息。

```
Background {
        groundAngle [ 1.309, 1.571 ]
        groundColor [ 0.1 0.1 0, 0.4 0.25 0.2, 0.6 0.6 0.6 ]
        skyAngle [ 1.309, 1.571 ]
        skyColor [ 0 0.2 0.7, 0 0.5 1, 1 1 1 ]
}
```

(4) 模拟真实的环境

我们可以将立方体全景的 6 个面分别作为 Background 的 6 个角度贴图,来实现对真实环境的模拟。

```
Background {
        frontUrl [
```

```
    "1.jpg"
  ]
  backUrl [
    "3.jpg"
  ]
  rightUrl [
    "2.jpg"
  ]
  leftUrl [
    "4.jpg"
  ]
  topUrl [
    "5.jpg"
  ]
  bottomUrl [
    "6.jpg"
  ]
  skyAngle [
  ]
  skyColor [
    0 0 0
  ]
  groundAngle [
  ]
  groundColor [
    0 0 0
  ]
}
```

(5) 植物的制作

植物是一类结构复杂的物体,我们在虚拟现实中一般使用带透明度的植物图片来模拟真实的植物,但是图片作为一种平面结构,是难以模拟植物的三维结构的。在 VRML 里，Billboard 节点可以在用户浏览时动态地改变自己的坐标系，以其坐标系的 Z 轴绕 axisOfRotation 轴旋转，从而使其所包含的物体永远面向浏览者。因此我们一般使用 Billboard 节点来模拟虚拟环境中的植物。

首先创建一个 Billboard，然后建一个 Box 并贴上有透明背景的树图，最后将两者中心对齐并链接，那可使树永远对准摄像机。

3.2.4　基于 VRML/X3D 的景观环境虚拟漫游案例——虚拟明孝陵

2003 年 7 月 3 日，南京明孝陵作为世界文化遗产明清皇家陵寝的扩展项目，在巴黎的第 27 届世界遗产大会上被审议列入《世界遗产名录》。虚拟明孝陵网站使用德国 Bitmanagement 公司的 BS Contact VRML 虚拟现实技术用数字化的方式展示明孝陵的现有建筑，并计划于将来使用数字化的方式对明孝陵、明太子东陵、明朝开国功臣墓群进行整体的原貌重建。

图 3.6　虚拟明孝陵

图片来自 vr.mingxiaoling.org

3.3 基于 Virtools 的虚拟环境漫游技术

3.3.1 Virtools 入门简介

Virtools 的主界面包含以下几个部分(图 3.7):

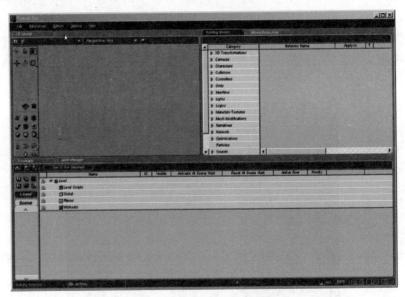

图 3.7 Virtools 的主界面

1. 3D Layout 窗口

在实时 3D 的环境下展示正在进行的项目作品,并提供所有用来创造、圈选或操作 3D 组件所必需的工具及导览工具等。

2. Building Block 窗口

负责 Virtools "行为模块"建构区块(behavior building block)的调整与编辑。

3. Level View 窗口

以清楚的树状阶层结构来检视与编辑目前正在进行的项目作品。

4. Schematic 窗口

这个窗口能够可视化与互动化地建构与编辑目前项目中所有的3D组件。

变换工具集:圈选、移动、旋转、与缩放3D组件(图3.8)。

创建工具集:用来创建与调整所有的3D组件内容,包含:镜头(camera)、光源(light)、3D虚拟对象(frame)、曲线(curve)及网格虚拟对象(grid)、2D虚拟对象(frame)、材质(material)、贴图(texture)等(图3.9)。

导览工具集:以3D视角导览目前的项目,包含:移动镜头(dolly)、视野调整(field of view)、镜头缩放(zoom)、摇摄(pan)以及镜头轨道设定(orbit)等(图3.10)。

图3.8 变换工具集

图3.9 创建工具集

图3.10 导览工具集

3.3.2 模型的导入与虚拟替身的使用

1. 模型的导入

Virtools本身不是一个建模软件,因此在它里面使用的模型应该是通过三维软件输出的,我们可以通过3DS MAX或者Maya的Virtools输出插件输出Virtools可以使用的模型格式。

当进行场景设计所需的各个资源都已经输出为Virtools格式并且存放在一个目录之后,选取Virtools的"Resource"菜单中的"Open Data Resource"子菜单,打开输出之后的资源文件夹中的SceneResource.rsc文件,之后一个新的资源面板SceneResource将会在Building Blocks窗口上方出现。

展开SceneResource面板下的3D Entities栏目,从中选取景观场景文件Scene.nmo,并且拖放到3D Layout窗口。此时,在3D Layout窗口里就可以看到虚拟景观场景了。

2. 虚拟替身的导入

为了在场景中实现互动式的虚拟漫游,我们需要建立一个虚拟替身,这个虚拟替身采用人物形象进行三维建模,并且输出为Virtools格式,并且保存到资源文件夹中。

展开 SceneResource 面板下的 Characters 栏目,从中选取景观场景文件 Character.nmo,并且拖放到 3D Layout 窗口。这时,预制作好的模型将出现在 3D Layout 窗口中。

3. 虚拟替身的动作设置

接下来将 Building Blocks 窗口中 Characters 目录下的 Animations 里的四种动作,全选后拉到 3D 角色上面,从而将角色的动态方式附加到这个 3D 角色中。

用户将借助于角色的运动实现在场景中的漫游,为了使角色能在虚拟景观的场景中四处走动,我们需要为其设定 Building Blocks。

Building Blocks 是一组用来描述在特定的条件或既定的事件之下应如何行动或反应的程序脚本。它可以应用在各种不同的物体上,如 objects、characters、cameras 等。Building Blocks 的 Character Controller(角色控制器)能够用来控制一个角色的动作(图 3.11),而 Keyboard Controller 则可以定义键盘上的按键以控制角色的动作。

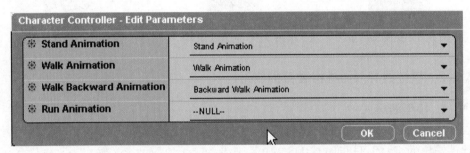

图 3.11 Character Controller 面板

打开 Building Blocks→Characters→Movement,将其中的 Character Controller 拖到 3D Layout 面板里的角色 Character.nmo 身上。此时将会看到一个黄色的立方体线框也出现在该角色外,松开鼠标,确定赋予他这个行为模块。此时会出现参数对话框,这是用来指定或调整当前行为模块的相关参数。

使用图 3.11 所示对话框中的下拉选单选择下列的动作:Stand Animation(站立)、Walk Animation(行走)、Backward Walk Animation(后退),最后单击 OK 按钮,这个角色就有了一套行为模块。

为了实现角色的行走,我们需要打开 Building Blocks→Characters→Keyboard,将行为模块的 Keyboard Controller 拖放到 3D Layout 面板里的人物角色 Character.nmo 身上,在弹出对话框中选取 OK。

Keyboard Controller 预设将键盘最右边的九个数字键中的 8、2、4、6 分别对应于上、下、左、右方向,因此这里不需要再指定参数。

点击播放按钮,按住上述几个数字键之一,即可借助角色在场景中实现漫游。如果同时按住 Insert 键,角色就会由走路变成跑步。

3.3.3 摄像机追踪

有时候,我们希望以第一人称的视角,而不是借助虚拟角色,在场景中实现互动漫游,为了实现这种修改,我们需要创建一个会自动锁定角色头部的 camera,当我们移动角色时,这个 camera 也会跟着角色在场景中四处移动,并保持动态锁定状态。

1. 新增一个摄像机

在"3D Layout"工具列里点选 Create Camera 按钮。此时,在场景中会出现一个新的摄像机,取代原先的 Perspective View 摄像机。

新的摄像机会出现在与原来的 Perspective View camera(透视视角摄像机)相同的位置上。同时,一个新的面板 Camera Setup view(图 3.12)将出现在 Level Manager 的右边,我们可以在这个面板里编辑与这个 camera 相关的各种参数,包括位置、方向、视线范围等。

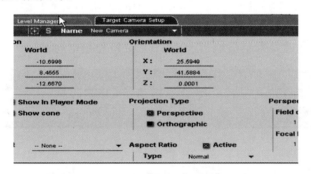

图 3.12 摄像机设置面板

2. 对摄像机设置行为

为了使用新创建的摄像机作为我们的视角观察点,我们可以为摄像机设置 Set As Active Camera 行为模块,来实现第一人称摄像机的效果。

打开 Building Blocks→Cameras→Montage,将行为模块 Set As Active Camera 拖放到指定的摄像机上。

展开 Schematic 面板,从 Schematic 可以看到摄像机与行为模块的组合状态(New Camera Script)。一个代表 Set As Active Camera 的方块出现,方块的左边有一个输入端（input），而右边则有一输出端（output），如图3.13所示。

图3.13

打开Building Blocks→Cameras→Movement，将行为模块Camera Orbit拖放到Schematic里，摆在行为模块Set As Active Camera后面，如图3.14所示。

图3.14

在Schematic里将鼠标移到Camera Orbit方块上按下右键，这时会出现一个对话框，然后在对话框里选择Edit Parameters，如图3.15所示。这个动作将会开启一个对话框，这在个对话框能指定该camera所要锁定的目标。

图3.15

点选Target下面的 按键，并从3D Layout视角中选取角色Character.nmo，然后选取OK，确定摄像机跟随的物体为设计好的虚拟角色。

3. 在Schematic里编辑行为模块流程

点击Set As Active Camera的输出端output，将连接线拖动到Camera Orbit的输入端input，在两者之间建立连接，如图3.16所示。

到这一步为止，摄像机对角色的追踪只会在播放过程的第一帧产生，为了使摄像机持续追踪角色，需要给摄像机锁定行为加上一个循环，使得动作的整个过程中摄像机都能够追踪角色的运行。

选择Camera Orbit的输出端output，将连接线拖动到Camera Orbit的输入端 input，在两者之间建立连接，如图 3.17 所示。

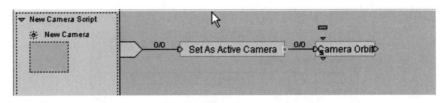

图 3.16

图 3.17

3.3.4 碰撞检测

虚拟角色在景观漫游场景中走动时，势必会与虚拟景观之中的地面、墙壁、物品发生关系。现实中，行走的人、动物将能够观察环境中可能与自己产生碰撞的物体并且避开它；而虚拟场景中，我们将借助碰撞检测技术来避免角色与障碍物的碰撞。

Virtools 里提供了 Collision Manager，用于自动计算所给定的 3D 对象间是否会产生碰撞。使用这个工具之前，我们首先要赋予角色 Prevent Collision 行为模块。Prevent Collision 行为模块会查询 Collision Manager 相关的信息，以决定该角色会跟哪些 3D 对象产生碰撞行为。如果检测到可能会发生碰撞，这个行为模块将会让角色稍稍后退，以避免直接撞击。

设置碰撞检测需要我们首先将会与角色发生碰撞的物体列入障碍物清单里，并且为它们指定相应的属性，如障碍物类型是地面还是墙壁，以及物体的重量等物理属性。

1. 设定地面障碍物

点击 Level Manager 面板，从 Global 目录展开场景层级，选取地面部分三维对象的名称，并且按下右键，在右键菜单里执行 Add Attribute，打开 Add Attribute 对话框，如图 3.18 所示。

在 Floor Manager 上单击鼠标，打开对应的属性目录，选取 Floor，然后点取

Add Selected,最后点击 Close,确定。这样就可以将地面部分的三维对象设置为具有物理学意义的地面属性的障碍物。

图 3.18　Add Attribute 对话框

2. 设置角色与地面的碰撞检测

打开行为模块面板 Building Blocks→Characters→Constraint,将行为模块 Enhanced Character Keep On Floor 拖放到角色身上,如图 3.19 所示。这样就可以确保角色能够紧密地站立在地面上行走了。

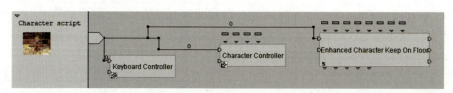

图 3.19

我们还可以打开双击行为模块 Enhanced Character Keep On Floor 打开其属性对话框,对角色的重量(weight)、保持在地板边界(keep in floor boundary)等属性进行设置,以获取更真实的行走效果。

3. 设置墙体、物体等障碍物

点击 Level Manager 面板,从 Global 目录展开场景层级,选取墙体及各种地表物体等三维对象的名称,并且按下右键,在右键菜单里执行 Add Attribute,打开 Add Attribute 对话框,如图 3.20 所示。

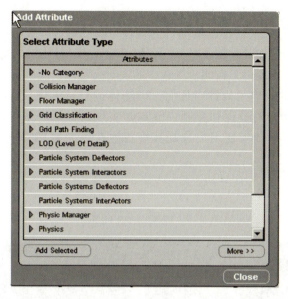

图 3.20 Add Attribute 对话框

在 Collision Manager 上单击鼠标,打开对应的属性目录,选取 Fixed Obstacle,然后点取 Add Selected,最后点击 Close,确定。这样就可以将墙体及各种地表物体的三维对象设置为具有物理学意义的障碍物。

接下来我们需要对角色进行避免碰撞的设置,打开行为模块面板,展开 Building Blocks→Collisions→3D Entity,将行为模块 Prevent Collision 拖到角色上,如图 3.21 所示,这时我们就会发现角色已经能够比较接近真实情况地进行运动了。

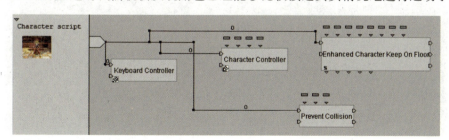

图 3.21

3.3.5 场景发布

至此,我们已经可以将三维场景发布为能比较逼真地互动漫游的虚拟现实系统,在 Virtools 里,我们还可以借助行为模块(building block)实现各种各样的视觉效果与互动功能,如各种粒子特效、光效、声音效果、材质效果等,借助多用户服务器,我们还可以实现多人在同一场景中的实时交互。

由于 Virtools 具有可以针对任何三维物体进行行为模块设置与脚本控制的功能,因此通过精心的设计和控制,Virtools 实现的虚拟场景可以具有非常高的灵活性和互动功能,能够使用户身临其境般地在更加逼真的虚拟环境中实现互动漫游。

3.3.6 Virtools 实例

Virtools 的两个实例如图 3.22 和图 3.23 所示。

图 3.22　Virtools 实例一

本图来自 www.tothegame.com

图 3.23　Virtools 实例二
本图来自 www.tothegame.com

3.4　其他环境虚拟漫游技术介绍

3.4.1　3DVRI 与 VRPlatform 技术

　　3DVRI 与 VRPlatform 都是国产的虚拟景观漫游创作系统(图 3.24、图 3.25),它们具有一些共同的特点:

　　① 与 3DS MAX 无缝连接,建模和灯光基于 3DS MAX 平台,制作方便,只需使用 3DS MAX 按照实际尺寸建模打光后即可导入 3DVRI 浏览器中进行漫游。

　　② 进行虚拟场景设计的一些技术与 VRML/X3D 有诸多共同的地方,也许它

们在底层使用的就是基于 VRML/X3D 的技术。

③ 可以通过材质烘焙获得较为逼真的视觉效果。

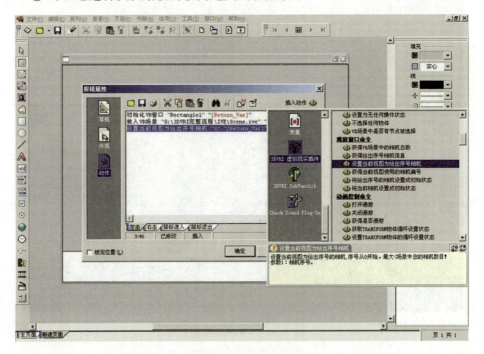

图 3.24　3DVRI 界面

本图来自 3DVRI 官方网站 www.3DVRI.com

④ 无需复杂的编程设计,使用方法较为简单。与 Virtools 这样的虚拟现实创作系统相比较,它们可以实现的互动功能较为简单,可以实现的互动的可能性也比较少,但是对于建筑景观的虚拟漫游来说也基本够用了。

这两个虚拟景观漫游创作系统的使用流程如下:

① 在 3DS MAX 里建好模,设置好材质贴图。

② 通过 Max 插件导出到 3DVRI 或 VRPlatform 场景编辑器中进行相关的设置(如添加天空盒,添加水印,添加光斑,添加树木、喷泉等,添加场景雾效,调节碰撞,调节材质……),设置完毕后保存成一个场景文件,最后发布成一个完整的虚拟现实作品。

第 3 章 基于三维建模的虚拟互动漫游

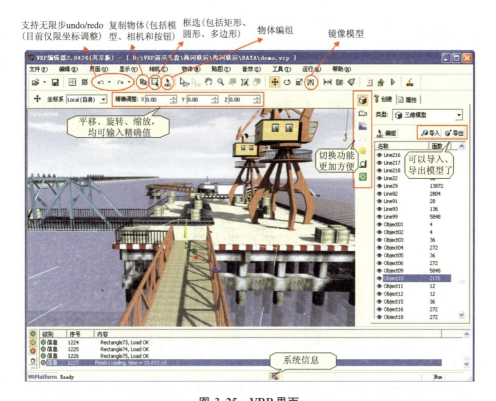

图 3.25　VRP 界面
本图来自 VRP 官方网站 www.vrplatform.com

· 69 ·

第 4 章　Flash 3D

4.1　什么是 Flash 3D?

4.1.1　Flash 与 ActionScript 语言

　　Flash 的前身是 Future Wave 公司开发的 Future Splash,这一软件最初是用于制作能够在网络上快速传播的二维动画的一款动画制作软件,因此采用了只需较小存储空间的矢量图形格式。矢量图形格式的优点在于它将一副图像描述为若干基本图元(比如直线、圆、矩形等),而不是将图像描述为一系列的像素点。1996 年,Macromedia 公司收购 Future Wave 公司后开发了一系列 Flash 的经典版本,而 Flash 也凭借其独特的优势(体积小,易于在网络中传播)迅速地占据了二维动画市场。Flash 软件在中国也引起了极大反响,许多优秀的动画作品相继涌现。尤其在 2000 年前后,中国涌现了一大批活跃而富有创造力的 Flash 动画制作者,他们被称为"闪客",较为著名的闪客和作品包括老蒋以及他的动画《新长征路上的摇滚》、小小以及他的《火柴棍人》动画系列、拾荒以及他的《小破孩》动画系列等。直到今天,仍有许多活跃的 Flash 制作个人或团体存在,并有许多新的动画涌现。从 1998 年开始 Flash 3 引入了一系列用于控制动画播放的跳转脚本语言,这一脚本语言即为之后 ActionScript 语言的前身。之后的 Flash 4 版本对于 ActionScript 语言功能有了较大的提高,提供了更多与动画控制无关的编程接口,直到 2000 年 Flash 5 的推出,正式确立了 ActionScript 作为一个脚本编程语言的地位,伴随 Flash 5 出现的 ActionScript 语言被称为 ActionScript 1.0。这是一个从语法上与 JavaScript 非常相似的脚本语言,它与 JavaScript 语言一样遵循 ECMA 规范。

Flash 5 之后，Macromedia 又相继推出了 Flash MX 和 Flash MX 2004 两个版本，对于 ActionScript 语言的功能又有了进一步的提高，在语言中引入了现代编程语言中面向对象的思想，同时，又提出了 RIA(Rich Internet Application)，即富互联网应用的概念。自此，Flash 从最初的矢量动画制作软件逐渐被定位为一个富互联网应用的集成开发环境。伴随 Flash MX 2004 版本推出的 ActionScript 脚本语言由于较从前的版本有了较大程度的变更，因此这一版本的 ActionScript 被定义为 ActionScript 2.0。2007 年，图像软件领域中两家成功的公司——Adobe 和 Macromedia 强强联合，由 Adobe 公司收购了 Macromedia 公司，而 Flash 的发展更因此进入一个新的时代。Adobe 公司收购 Macromedia 公司后推出的第一版 Flash 被并入其 Creative Suite 创意软件系列中，叫作 Flash CS3，新的版本最大的亮点即是 ActionScript 语言的又一次变革。新的 ActionScript 语言叫作 ActionScript 3.0，这一版本的 ActionScript 语言抛弃了之前语言中过程式编程的语法，彻底成为了一个面向对象的编程语言，语言的功能大大提高，执行效率较之以往的 ActionScript 语言也有 2～10 倍的提高。新的语言在语法风格方面更接近于 JAVA 而不是 JavaScript，同时由于 ActionScript 与 JAVA 一样是基于虚拟机执行的语言，因此它拥有与平台无关的特性，即一个程序可以一次编译后在不同平台下运行（如 Windows 系统与 Mac OS 系统等）。伴随着 ActionScript 3.0 的推出，Adobe 又相继推出了针对企业级富互联网应用的专业开发软件 Flex(后改名为 Flash Builder)以及结合富互联网应用特点和桌面应用程序特点的 AIR 运行环境。这一系列专业编程软件的相继推出进一步确立了 ActionScript 作为一个互联网应用开发的最佳语言的地位。

Flash 的执行主要依托于其用户在客户端的 Flash Player，Flash Player 分为独立运行版和植入各类浏览器的插件版。通常来讲，独立运行版速度优于插件版，但插件版能够使用户在网页中方便地使用由 Flash 制作的各类应用。Flash Player 大致可分为两部分，分别为图像渲染引擎以及虚拟机。其中图像渲染引擎主要用于渲染 Flash 页面内容，显示播放 Flash 内部的动画等；而被称作 AVM(ActionScript Virtual Machine)的虚拟机则主要用于执行由 ActionScript 编写的编译代码。Flash 得以如此流行主要归功于其播放器 Flash Player 在用户浏览器中的装载量，目前，Flash Player 在全球的装载量超过 20 亿，并且保持每天数百万装载量的增加速度。

随着网页游戏、社交网络以及视频点播网站的兴起，Flash 在这些领域更是大展身手，特别是 ActionScript 3.0。目前，视频网站中使用 Flash 技术的占所有视频网站的90%以上。对于网页游戏来说,Flash 也远远超过同类技术如 HTML5、SilverLight 等的用户数量,有一半以上的网页游戏使用 ActionScript 作为主要编程语言,如图 4.1 所示的 QQ 农场游戏,这个游戏使用的就是 Flash 技术。2008年,Adobe 推出了实验室项目 Adobe Alchemy(炼金术);2011 年,Adobe 又发布了一套称为 Molehill 的底层 3D API。这两项技术无疑为高效的网络应用及 3D 游戏制作者带来了极大的便利:通过使用 Alchemy 技术,ActionScript 的用户可以将从前由 C 或 C++ 编写的代码直接编译为可以被 Flash Player 执行的 ABC(ActionScript Byte Code)字节码,而经过 Alchemy 编译后的 C/C++ 代码的执行效率通常优于由 ActionScript 编写的代码速度 10 倍左右。许多 C/C++ 程序通过这一技术可以编译为能被 Flash 调用的类库,同时,程序员还可以使用这一技术优化程序中某些核心代码的效率。而代号为 Molehill 的一系列 3D API 在 Flash 中第一次引入了 GPU 硬件加速的渲染方式,这一技术类似于 OpenGL 或 DirectX 等 API,用户可以通过调用这些 API 来使用显卡硬件加速图像的渲染速度。

图 4.1　QQ 农场游戏

图片来源:http://qqapp.qq.com/

　　伴随着近年来智能手机、平板电脑等移动设备的兴起,移动开发市场的潜力越来越大,越来越多的程序员转入移动开发者的行列,而移动开发中最重要的两个开发平台分别是由 Google 开发的 Android 系统以及由 Apple 公司开发的 iOS 系统。而 Flash 在这些平台上仍然可以大展身手,特别是 Flash 及其编程语言 ActionScript 固有的跨平台特性更是在这里大显身手:依托 Adobe AIR 运行平台,开发者只需掌握 ActionScript 一门语言就可以同时为 Android 平台和 iOS 平台开发应用程序,同时发布在两个平台上。而传统的开发流程,则需开发者或团体同时掌握 JAVA 和 Objective-C 两门语言,在两个平台上分别开发。显然,前者的开发效率要明显优于后者。实际上,在移动平台上已经出现了许多使用 Flash 和 ActionScript 技术开发的游戏,其中最著名的当属目前下载量已超过 5 亿次的小游戏"Angry Birds"(中文名为"愤怒的小鸟"),图 4.2 为该游戏的截图。

图 4.2 "Angry Birds"
图片来源:http://www.rovio.com/

4.1.2 Flash 3D 的发展历史

Flash 3D 的发展主要经历了两个阶段,即软渲染时代和硬渲染时代,这两个阶段主要以 Molehill 3D API 的出现为界限。

1. 基于 CPU 计算的软渲染时代

在官方没有提供有效的硬件加速渲染方法之前,已经有一些国内外的闪客利用 ActionScript 中的图形绘制接口,使用 CPU 来实现一些 3D 效果,并诞生了一系列早期较为著名的 3D 引擎。这些引擎大部分为国外程序员所编写,其中最为著名的几个引擎包括使用最为广泛的 Papervision3D、Away3D、Sandy3D、Alternativa3D。国内在早期也有一些 3D 引擎的尝试,如 NewX3D、Alchemy3D 等。早期 3D 引擎及其应用的特点是场景中三角面数较少,通常为数千个三角面,由于缺乏需要硬件支持的像素级深度排序等功能,这类应用中也常会出现破面等现象,如图 4.3 所示。此外,早期 3D 引擎对光照的支持效果较差,而对于传统 3D 应用中常见的阴影、后处理特效等高级功能这类引擎通常不提供支持。尽管如此,这一时期的 3D 引擎仍有许多优点,比如引擎结构易于理解,容易学会,需要编写的代码较少等,因此,对于一些对模型面数要求不高的简单展示型 3D 应用来说,软渲染时代的 3D 引擎仍是不错的选择。下面展示了一些使用早期 3D 引擎创作的作品(图 4.4~图 4.8)。

图 4.3 早期 3D 引擎作品的破面现象

图片来源:http://www.flab3d.com

第 4 章　Flash 3D

图 4.4　"ECO ZOO"

图片来源:http://www.roxik.com

图 4.5　"Verbatim Championship"

图片来源:http://www.roxik.com

图 4.6 "The Planet Zero"
图片来源:http://www.roxik.com

图 4.7 "Bunker"
图片来源:http://alternativaplatform.com/en/

图 4.8 "Walker"

图片来源：http://www.flashsandy.org

2．基于 GPU 硬件加速的真 3D 时代

2011 年，在 Adobe Max 大会上，名为 Molehill 的硬件加速的一系列 3D API 亮相，这一套 3D API 是基于硬件加速的，用户不需要关心这套引擎在底层如何实现（实际上在 Windows 平台上，这套 API 主要基于 DirectX，而在 Mac OS 系统中主要基于 OpenGL），只需要使用统一的开发接口编程即可，由此，Web3D 的时代真正到来了。

新的 3D API 最大的优势在于其执行效率：较之以往使用 CPU 软渲染只能渲染数千个三角面来说，基于 GPU 加速的硬件渲染能够以每秒渲染 60 帧左右的速度渲染数百万个三角面，效率提升数千倍。此外，伴随着这套 API，Adobe 还推出了自己的显卡编程语言 AGAL（Adobe Graphics Assembly Language），该语言能够方便地通过对显卡进行编程来实现一系列复杂的功能，如光照、阴影、后处理特效等。但是对于大部分用户来说，AGAL 或 Molehill 等底层的 API 学习难度较大，熟练掌握它们需要具备相当的图形学方面的知识，此外，直接使用这类 API 开发效率较低，不易于调试。因此，急需基于这套底层 API 实现的易于使用的 3D 引擎出现，受此激励，基于 Flash 平台使用 GPU 加速的新一代 3D 引擎相继出现，如 Minko、Yogurt3D 以及笔者开发的 Nest3D 等，而软渲染时代的许多老牌著名引擎如 Away3D、Alternativa3D 等也相继发布了支持 GPU 加速的新一代 3D 引擎。下面为使用新一代 GPU 渲染技术开发的一些 3D 应用。

新一代的 3D API 开启了网页游戏的新纪元,也给无数的 3D 游戏开发个人和团体带来了大量的机会。已经有一大批国内外著名的游戏开发公司如 Zynga、SQUARE ENIX 和第九艺术等相继开发出了一系列 3D 网页游戏,如"FarmVille2""Legend World""封神无双"等,图 4.9、图 4.10 是这些游戏的截图。

图 4.9 Zynga 开发的游戏"FarmVille2"

图片来源:http://bbs.9ria.com

图 4.10　第九艺术开发的游戏"封神无双"
图片来源:http://fs.kunlun.com/

4.2　Flash 平台的 3D 引擎介绍

4.2.1　Papervision3D

　　Papervision3D 是 Flash 平台上出现最早的一款 3D 引擎(图 4.11),也是最广为人知的一款 3D 引擎。自从 ActionScript 2.0 的时代起,这款引擎就一直为 Flash 平台提供 3D 方面的技术支持,在 ActionScript 3.0 推出以后,该引擎针对新的 ActionScript 语言又编写了新的版本。这款引擎自出现以来就被应用于各类的演示、游戏项目中,它的主要优点在于引擎结构清晰,其可视对象的组织形式与 ActionScript 自身显示列表的组织形式非常相似,因此较容易学习。另外,可以在网络中找到大量的介绍该引擎使用方法的教程。而这一引擎的主要缺点在于其易用性在一定程度上使得引擎的性能变低,另外,这款引擎并未随着 GPU 加速时代的来临而推出相应的支持 GPU 渲染的新一代引擎。事实上,这款引擎早在 2009 年就停止了更新,随着 Flash 新一代 3D 引擎的发展,这一引擎会被逐渐淘汰,但从目前来看,它仍不失为快速创建简单 3D 展示和游戏应用的最佳选择。用户可以访问其在 github 上的代码库下载 Papervision3D 的最新版本:https://github.com/Papervision3D/Papervision3D。

图 4.11　Papervision3D 引擎

4.2.2　Away3D

Away3D 是当今 Flash 平台下最为优秀的一款 3D 引擎(图 4.12),Away3D 也属于早期的 3D 引擎之一,但它始终保持着更新,时刻跟近 Flash 的最新技术。

图 4.12　Away3D

随着 GPU 加速技术的出现,Away3D 也发布了自己的支持 GPU 加速的 3D 引擎,该引擎优点很多,包括高效、相关教程和文档丰富等。作为开源社区贡献的成功项目之一,该引擎已经得到了 Adobe 公司官方的捐助,是目前 Flash 平台下最主流的一款 3D 引擎。如今的 Away3D 引擎已经是 Away Platform 下的成员之一,而 Away Platform 作为一个游戏制作的整体解决方案,除了包含 Away3D 引擎之外,还包含了许多辅助的框架和引擎,包括:

① 专为 Away3D 定制的".awd"模型格式,该格式可以方便地将各类动画格式打包在同一个模型格式中,此外,这种格式的压缩率以及解析效率较之其他传统模型格式在 Away3D 中的表现也明显高出许多;

② 用于制作".awd"模型以及对于现有模型进行专门针对 Away3D 引擎优化的场景编辑器"Prefab3D",如图 4.13 所示的 Prefab 模型编辑器,使用该编辑工具

可以轻松地创建只有 Away3D 才支持的某些特性（如路径动画等）；

③ 基于 GPU 加速的无状态粒子系统；

④ 与 Away3D 配套使用的物理引擎 Away Physics，该引擎是著名的开源引擎 Bullet Physics Engine 的移植版，通过使用该引擎便可以在 Away3D 中创建逼真的物体效果（如碰撞等）。

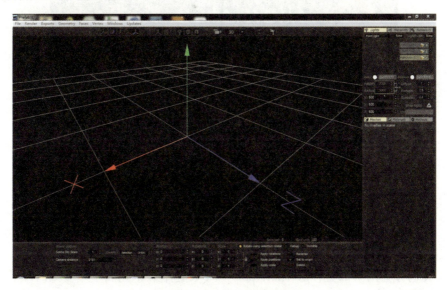

图 4.13　Prefab 模型编辑器

Away3D 引擎有多个版本与分支，较为重要的有 Away3D 3.x 版本、Away3D 4.x 版本和 Away3D Lite 版本。对于那些仅需要创建简单易用的 3D 演示的读者来说，使用 Away3D Lite 是个不错的选择，它是 Away3D 的简化版本，对初学者来说更加容易上手。如果对于 3D 知识或者 Away3D 较为了解，那么建议使用 Away3D 3.x 和 Away3D 4.x 版本，这两个版本的区别主要在于 3.x 及更早的版本不支持 GPU 加速，效率较低但使用难度也较低；而 Away3D 4.x 以上版本支持 GPU 加速，但相应地，学习起来难度也较大。用户可以通过访问 Away3D 的官方网站：http://www.away3d.com 来下载各个版本的 Away3D 引擎。

4.2.3　Alternativa3D

Alternativa3D 是由一个俄罗斯团队开发的 3D 引擎，该引擎的普及程度也非常高，在出现由 GPU 加速的 3D 引擎以前，该引擎一度是 Flash 平台上效率最高的引擎之一。随着 Flash 支持 GPU 加速的 3D API 的推出，Alternativa3D 也推出了自己的新一代3D引擎。Alternativa3D也是一个较为完善的3D引擎,除了整个引擎的核心部分Alternativa3D以外,其AlternativaPlatform(图4.14)还为使用者提供了以下功能:

图4.14 AlternativaPlatform

① 为3D应用快速创建可视化用户界面的GUI框架AlternativaGUI;
② 用于支持3D游戏物理仿真的AlternativaPhysics物理引擎;
③ 经过特殊优化的专用于Alternativa3D引擎的".a3d"模型格式以及针对3DS MAX编辑软件的".a3d"模型格式导入导出插件;
④ 用于模型预览的在线模型浏览工具AlternativaPlayer。

早期的Alternativa3D引擎以其高效率而著称,随着GPU加速时代的来临,渲染已经不是影响性能的最大瓶颈。但新一代的Alternativa3D从其功能性上来讲仍然是Flash平台上最优秀的3D引擎之一。同Away3D一样,Alternativa3D的发展也分为两个部分:Alternativa3D 7.x及更早版本均属于基于CPU软渲染时代的3D引擎,其中以Alternativa3D 7.x这一版本在功能、效率等方面为最优;而对于Alternativa3D 8.x以上版本,则均属于使用GPU加速的3D引擎,其性能方面较之以往版本有巨大提升。

4.2.4 Nest3D

随着Flash的GPU加速时代来临,虽然在该平台下的3D引擎层出不穷,但是其中由国人自己开发的引擎却仍然很少,Nest3D就是其中一款由笔者开发的基于GPU硬件加速的3D引擎(图4.15),该引擎的设计方面注重轻量而高效,因此在引擎设计方面相对于Away3D、Alternativa3D等大而全的引擎而言更加小巧,性能方面也更加优秀。以下是Nest3D的一些特点和优势:

① 轻量级,易学习且中文资料较多;
② 性能优异;
③ 拥有大部分游戏常用功能,包括支持多普勒效应的3D声音,全面的动画支持(顶点动画、骨骼动画、UV动画、贴图动画、基本变换动画等),众多模型格式的

支持(.obj、.md2、.md5、.ms3d、.3ds、.dae 等),丰富的后处理特效,灵活的鼠标交互功能等;

④ 适用于大部分 2D、3D 游戏,尤其是为 Nest3D 提供游戏开发支持的人工智能引擎 SmartKid。

图 4.15　Nest3D

随着引擎的不断开发更新,Nest3D 也将在未来提供高级渲染语言 ASL,以及专门针对 Nest3D 的模型格式和相应的场景编辑器等。相信未来该引擎也将成为 Flash 平台上一款重要的开源 3D 引擎。

4.2.5　其他 3D 引擎

除了以上介绍的 3D 引擎之外,还有许多在 Flash 平台上运行的优秀的 3D 引擎。在开源 3D 引擎中,较为优秀的包括上文提过的非 GPU 加速的 3D 引擎 Sandy3D,GPU 加速的 3D 引擎 Minko、Yogurt3D。在非开源 3D 引擎中,包括 Flare3D 等,都是一批非常优秀的 3D 引擎,其特点也各有不同,图 4.16、图 4.17 是使用这些引擎实现的一些案例。

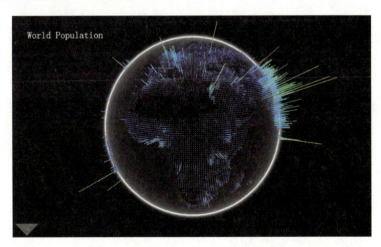

图 4.16　Minko 制作的世界人口可视化图

图 4.17 Flare3D 制作的汽车展示

第 5 章　从 HTML5 到 WebGL

5.1　HTML5

　　HTML5 草案的前身名为 Web Applications 1.0，是 HTML4 的更新加强版本。它增加了新的标签和属性，强化了网页的标准、语义化、图像表达能力和交互等功能的效果。

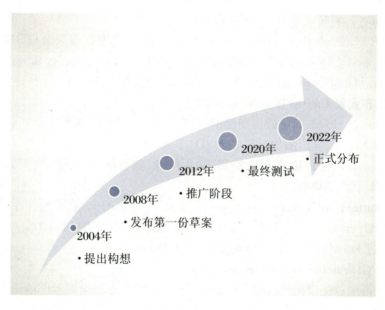

图 5.1　HTML5 时间表

广义地说，HTML5代表浏览器端技术的一个发展阶段。在这个阶段，浏览器呈现技术得到了飞跃发展和广泛支持，这些技术包括：HTML5、DOM3、CSS3、JS API、SVG、WebGL(3D)等。

5.1.1 HTML5的新特性

HTML5的新特性有：
① 媒体支持：Video和Audio；
② 画布元素：Canvas以及WebGL视频加速；
③ 增强的表单Form；
④ 更炫的平面动画：CSS3页面渲染及CSS3 3D；
⑤ 矢量支持：SVG；
⑥ HTML5的图形机制比较：SVG与Canvas；
⑦ 本地数据库—离线应用—本地储存；
⑧ 原生的拖拽。

5.1.2 媒体支持：Video/Audio/webRTC

〈video〉标签定义视频，比如电影片段或其他视频流。

〈audio〉标签定义声音，比如音乐或其他音频流。

WebRTC(Web Real-Time Communication)是应用在视频会议、实时广播、多方会谈、点对点应用程序等的新的协议与API(用navigator.getUserMedia启动用户计算机的摄影机，用PeerConnection进行点对点传输等)。

1. 画布元素Canvas以及WebGL加速

Canvas是HTML5最值得期待的元素之一，可以通过脚本任意创建图形，编辑图形，导入图片，导出图片。其中分2D与3D：

2D context API：基本线条、路径、插入图像、像素级操作、文字、阴影、颜色渐变等提供图形绘制功能。

3D context API(WebGL)：WebGL定义了一套API，能够允许在网页中使用类似于Open GL，实际上是一套基于OpenGL ES 2.0的3D图形API。这些API是通过HTML 5的Canvas标签来使用的。

2. SVG(Scalable Vector Graphics)

SVG可缩放矢量图形，使用XML来描述二维图形和绘图程序的语言。可以在浏览器中构造矩形、圆形、椭圆、线条、多边形、折线、路径、滤镜效果、渐变效果和动画等(图5.2)。

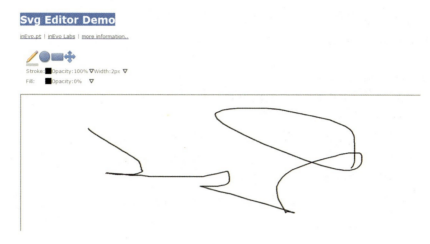

图 5.2 SVG

5.1.3 HTML5 的图形机制比较

HTML5 的图形机制各有所长，适用于不同应用场景（图 5.3）：

	SVG	Canvas
DOM	是！	非！最大的区别！Everything is pixel
是否矢量	矢量，放大不失真	像素操作，放大失真
图形内存模式	保留模式	即发即弃。直接向它的位置呈现它的图形，然后对所绘制的形状没有任何认知，只会得到最终的位图。
基本图形种类	丰富（线、圆、矩形、多边形、路径等）	除了矩形，只有路径
原生动画支持	支持	不支持。需要js去模拟，即刷屏
3D	不支持	支持
交互	支持Dom事件	只能用js根据坐标进行编程
可访问性	好。Xml结构易于分析	差。程序无法感知内容，除非图像识别或专门做canvas内容映射
最终实现的代码特征	Svg标签+css，少量依赖js	基本上是完全依赖js

图 5.3 HTML5 的图形机制比较

SVG 更适合规则图形的绘制和动画，更好管理。典型场景有：图表、流程图等高保真度矢量文档。

Canvas 更适合不规则或涉及像素级的变化场景，更高效。典型场景有：图片编辑和图形数据分析、位图动画、2D 游戏、3D 虚拟空间等像素操作。

5.1.4　HTML5 的优势

HTML5 的优势如下：
① 无需插件，开放免费，对搜索引擎友好；
② 跨平台，用 JS，大大降低开发成本；
③ 有各浏览器厂商的支持，发展迅速；
④ HTML5 是社交类应用发展的未来，尤其是针对智能手机而言；
⑤ 与原生客户端的比较，易于推广，更新方便；
⑥ 与 Flash 比较，不需要 Plug-in 就能执行，而 Adobe 已放弃移动客户端。

5.1.5　HTML5 目前的应用局限

HTML5 目前的应用局限有以下几个方面：
① 各浏览器的支持程度不同，如目前支持较好的有 Opera、Chrome、Safari；
② 国内存在高比例的旧款浏览器，差异性持续长久；
③ 兼容性不同，如视频格式；
④ 开发工具不健全；
⑤ 规范未正式发布；
⑥ 浏览器效率未到达理想；
⑦ 原生 App 的竞争，短期内还无法超越原生应用，不支持离线模式，消息推送不够及时，调用本地文件系统的能力弱；
⑧ 存在性能问题、标准实现问题。

5.2　WebGL

WebGL 是一种 3D 绘图标准，这种绘图技术标准允许把 JavaScript 和 OpenGL ES 2.0 结合在一起，通过增加 OpenGL ES 2.0 的一个 JavaScript 绑定，即为 HTML5 Canvas 提供硬件 3D 加速渲染，这样 Web 开发人员就可以借助系统显卡来在浏览器里更流畅地展示 3D 场景和模型了，还能创建复杂的导航和数据视觉化。

5.2.1 OpenGL

OpenGL(Open Graphics Library)是个专业的图形程序接口,是一个功能强大、调用方便的底层图形库。OpenGL 的前身是 SGI 公司为其图形工作站开发的 IRIS GL。IRIS GL 是一个工业标准的 3D 图形软件接口,功能虽然强大但是移植性不好,于是 SGI 公司便在 IRIS GL 的基础上开发了 OpenGL。OpenGL 的英文全称是"Open Graphics Library",顾名思义,就是"开放的图形程序接口"。

5.2.2 OpenGL 与 DirectX

OpenGL 只是图形函数库。DirectX 则包含图形、声音、输入、网络等模块。

OpenGL 稳定,可跨平台使用。DirectX 仅能用于 Windows 系列平台,包括 Windows Mobile/CE 系列以及 XBOX/XBOX360。

5.2.3 OpenGL 与 WebGL

WebGL 和 3D 图形规范 OpenGL、通用计算规范 OpenCL 一样来自 Khronos Group,而且免费开放(图 5.4)。

图 5.4 OpenGL-related Ecosystem

Adobe Flash Player 11 支持 GPU 加速,但它是私有的、不透明的。

WebGL 标准工作组的成员包括 AMD、爱立信、谷歌、Mozilla、Nvidia 以及

Opera等,这些成员会与Khronos公司通力合作,创建了一种多平台环境可用的WebGL标准,该标准完全免费对外提供。

WebGL的浏览器支持情况:Mozilla Firefox、Apple Safari、Google Chrome、IE+iewebgl,插件亦可支持。

5.2.4 WebGL解决了现有Web交互式三维动画问题

第一,它通过HTML脚本本身实现Web交互式三维动画的制作,无需任何浏览器插件支持;

第二,它利用底层的图形硬件加速功能进行的图形渲染,是通过统一的、标准的、跨平台的OpenGL接口实现的。

一些WebGL的技术演示网站如下:

https://code.google.com/p/webglsamples/;

http://www.biodigitalhuman.com/;

http://web.chemdoodle.com/。

5.2.5 WebGL开发

直接使用WebGL进行开发需要非常精通OpenGL,因此难度较高。

为了降低使用的难度,一些开发者开发了基于WebGL的库——WebGL FrameWork,其使用方法类似于X3D,降低了开发难度。

5.2.6 一些WebGL的FrameWork

一些WebGL的FrameWork如下:

CanvasMatrix.js、WebGLU、C3DL、StormEngineC、Curve3D、CubicVR、CopperLicht、Pre3dTDL、Three.js、X3DOM、Away3d.js、GammaJS、GLGE、GTW、JS3D、SceneJS、O3D、OSG.JS、PhiloGL、Pre3d、SpiderGL、EnergizeGL、Oak3d.js。

  Three.js   # https://github.com/mrdoob/three.js;

  PhiloGL   # http://senchalabs.github.com/philogl/;

  Oak3D   # http://www.oak3d.com;

  Copperlicht   # http://www.ambiera.com/copperlicht/(这个官方有可视化的3D模型开发软件);

  J3D   # https://github.com/drojdjou/J3D;

  GLGE   # http://www.glge.org/;

SceneJS ♯ http://scenejs.org/（BioDigital Human 作品的引擎）；

SpiderGL ♯ http://www.spidergl.org/；

C3DL ♯ http://www.c3dl.org/index.php/c3dl-dev/（专注于 Canvas 3D JS）；

WebGLU ♯ https://github.com/OneGeek/WebGLU/。

HTML5 的 canvas 元素利用和 OpenGL 同样的 API,可以绘制高精度的三维图像。

浏览器要支持 WebGL,电脑中安装的图形显示卡中的 OpenGL 的版本必须是 2.0 以上。

WebGL FrameWork 使用的一般流程如图 5.5 所示。

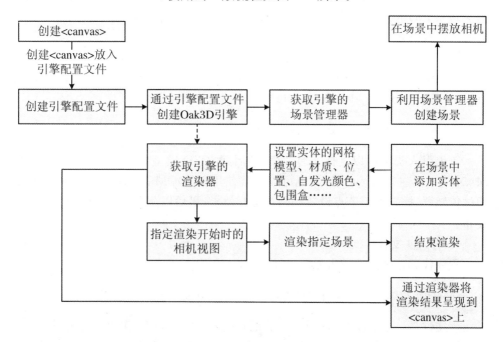

图 5.5 WebGL FrameWork 使用的一般流程

5.3 与 X3D 相关的 WebGL 框架:X3DOM

X3DOM 的全称为:a DOM-based HTML5/X3D integration model,由 Web3D 协会开发维护,是一种新的 Web3D 技术,用于在浏览器中呈现逼真的 3D 图形场景。其前身为 X3D 语言,X3D 作为国际标准得到了几十家厂商以及大学等研究机构的支持,应用也非常广泛。不过由于它需要专用的浏览器或插件,其应用受到一定的限制。X3DOM 对 X3D 进行了一些改进和扩展,形成了一个开源的标准文件规范和运行架构。

文件规范允许开发者使用融合了 XML 的 X3D 编码来构建 3D 场景,运行时架构则会把包含 3D 内容的 HTML 页面自动解析为 3D 场景。(参见网页: http://x3dom.org/x3dom/example/3d-coform/index.html)

5.3.1 X3DOM 构建 3D 场景的基本思路

首先引入头文件以支持实时渲染;然后建立 3D 模型(3D 模型可以使用 3DS MAX 等工具建立);然后导入(也可以直接使用 X3DOM 的基本几何节点建立);通过传感器、插补器等节点设置动画及交互效果;最后以 XHTML 或 HTML 方式发布。

1. 导入头文件

程序代码首先需要导入如下文件:

〈script type = " text/javascript" src = " x3dom. js"〉〈/script〉

该文件是一个 JavaScript 层,我们把它嵌入程序代码中,作为网络应用的一部分。该文件通过调用 WebGL 的 3D API 来实现实时渲染,从而达到不需要任何插件和安装程序就可以绘制 3D 图形的目的。

〈! doctype html〉
〈html〉〈head〉〈meta encoding = "utf - 8"〉
〈script src = "x3dom. js"〉〈/script〉
〈link rel = "stylesheet" href = "x3dom. css"〉

```
〈/head〉
〈body〉
〈x3d〉...〈/x3d〉
〈/body〉
〈/html〉
```

2. X3DOM 的构成

X3DOM 的构成如表 5.1 所示。

表 5.1 X3DOM 的构成

x3dom.js	在给定的版本中缩小的 X3DOM
x3dom.css	X3DOM 的样式表,你需要将此文件包含在你的网页中,以便 X3DOM 的显示。但你也可以将其作为模板来调整自己的样式表
x3dom.swf	Flash 集成,适用于不支持本机、X3DOM 和 WebGL 的浏览器

2. 模型建立和动画设置

X3DOM 提供了对基本几何模型的建模。对于复杂的模型,可以使用 3DS MAX 等工具建模,然后以 X3D 的格式导出嵌入 X3DOM 代码中。

模型建立后,可以对模型进行贴图、动画、交互等设置。

```
〈x3d width = "500px" height = "400px"〉
〈scene〉
〈shape〉
〈appearance〉
〈material diffuseColor = 'red'〉〈/material〉
〈/appearance〉
〈box〉〈/box〉
〈/shape〉
〈/scene〉
〈/x3d〉
〈! DOCTYPE html〉
〈html〉〈head〉〈meta charset = "utf-8"〉
```

```
<title>CSS Integration Test</title>
<link rel = "stylesheet" href = "x3dom.css">
<script src = "x3dom.js"></script>
</head> <body>
<h1>Styling tutorial</h1>
<x3d width = "400px" height = "300px">
<scene> <shape> <appearance>
<material diffuseColor = 'red'></material>
</appearance> <box></box>
</shape> </scene>
</x3d> </body> </html>
```

3. 基本元素

基本元素的代码如下:

```
<head>
<style>
#the_element { width：50%；height：50%；}
</style>
</head>
...
<x3d id = "the_element">
...
```

4. 几何体创建

几何体创建代码如下:

```
<sphere radius = "1.0">
<cylinder radius = "1.0" height = "2.0">
<box size = "2.0 2.0 2.0">
<cone bottomRadius = "1.0" height = "2.0">
<torus innerRadius = "0.5" outerRadius = "1.0">
```

上述代码创建球体、圆柱体、立方体、圆锥体、圆环等,如图 5.6 所示。

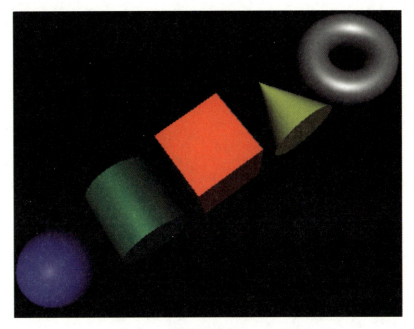

图 5.6　X3DOM 代码创建的几何体

```
〈scene〉
〈shape〉
〈appearance〉
〈material diffuseColor = "salmon"〉
〈/material〉
〈/appearance〉
〈indexedFaceSet coordIndex = "0 1 2 3 -1"〉
〈coordinate point = "2 2 0,7 2 0,7 5 0,2 5 0"〉
〈/coordinate〉
〈/indexedFaceSet〉
〈/shape〉
〈viewpoint position = "0 0 15"〉〈/viewpoint〉
〈/scene〉
```

上述代码创建由点系列构成的形状(由 4 个点构成的矩形),如图 5.7 所示。

图 5.7　有点系列构成的形状

〈indexedFaceSet
coordIndex = "0 1 2 3 -1"〉
〈coordinate point =
"2 2 0,7 2 0,7 5 0,2 5 0"〉
〈/coordinate〉
〈/indexedFaceSet〉

上述代码创建的图形如表 5.8 所示。
"-1"表示对形状索引的定义结束。
5. 背景设置
可以使用如下语句设置场景的背景颜色或背景图片。

♯ the_element { width:50%; height:50%; background:♯ 000 url (starsbg.png); }

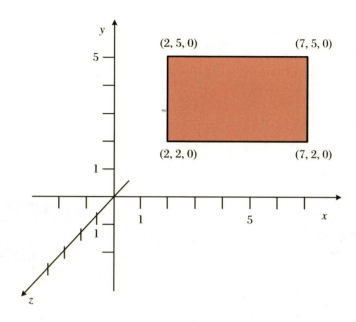

图 5.8

6. 光线的类型及相关设置

光线类型如图 5.9 所示。

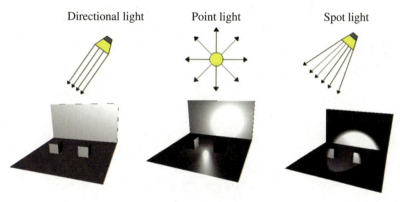

图 5.9 光线的类型

⟨directionalLight direction='0 0 -1' intensity='1'⟩⟨/directionalLight⟩
⟨pointLight location='0 0 0' intensity='1'⟩⟨/pointLight⟩
⟨spotLight direction='0 0 -1' location='0 0 0' intensity='1'⟩⟨/spotLight⟩

7. 阴影、雾、材质

阴影、雾、材质如图 5.10 所示。

图 5.10　阴影、雾、材质

⟨directionalLight direction='0 0 -1' intensity='1' shadowIntensity='0.7'⟩
⟨/directionalLight⟩
⟨fog visibilityRange='1000'⟩⟨/fog⟩
⟨imageTexture url="myTextureMap.jpg"⟩⟨/imageTexture⟩

8. 带材质的立方体

带材质的立方体可由如下代码创建：

⟨x3d width="500px" height="400px"⟩
⟨scene⟩
⟨shape⟩
⟨appearance⟩
⟨imageTexture url="logo.png"⟩⟨/imageTexture⟩
⟨/appearance⟩
⟨box⟩⟨/box⟩
⟨/shape⟩
⟨/scene⟩
⟨/x3d⟩

9. 物体色彩构成:环境光、散射和高光反射

物体色彩构成如图 5.11 所示。

图 5.11　物体色彩构成

10. 移动变换

我们可以使用 transform translation 节点来实现移动变换(图 5.12)。

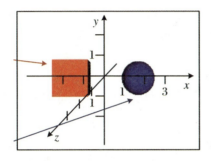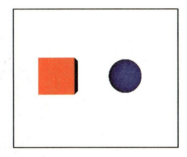

图 5.12　物体的移动变换

```
〈transform translation="-2 0 0"〉
  〈shape〉
    〈appearance〉
      〈material diffuseColor="red"〉〈/material〉
    〈/appearance〉
    〈box〉〈/box〉
  〈/shape〉
〈/transform〉
〈transform translation="2 0 0"〉
  〈shape〉
    〈appearance〉
      〈material diffuseColor="blue"〉〈/material〉
```

```
〈/appearance〉
〈sphere〉〈/sphere〉
〈/shape〉
〈/transform〉
```

11. 场景视图

场景视图如图 5.13 所示,代码如下:

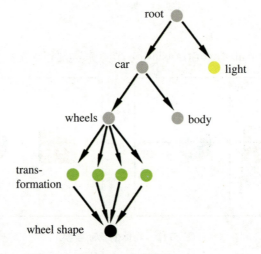

图 5.13　场景视图

```
〈scene〉
〈shape〉
〈box〉
〈group〉
〈transform〉
```

12. 节点扩展和移除及属性操控 Node appending/removal

代码如下:

```
root = document.getElementByid('root');
trans = document.createElement('Transform');
trans.setAttribute('translation', '1 2 3');
```

```
root.appendChild(trans);
root.removeChild(trans);
document.getElementById('mat').setAttribute('diffuseColor','red');
```

13. 交互

代码如下:

```
<x3d id="the_element">
<button id="toggler">Zoom
</button>
<scene>
...
</x3d>
```

14. 用户交互

用户交互(user interaction)的代码如下:

```
<shape>
<appearance>
<material id="mat" diffuscColor="red">
</material>
</appearance>
<box onclick="
document.getElementById('mat').
setAttribute('diffuseColor','green');">
</box>
</shape>
```

上述代码将 BOX 物体设置为热区,鼠标点击之后将其颜色改变为绿色(图 5.14)。

15. 导航模式

导航模式有:examine、walk、fly、look at、game 和 none。

```
<navigationInfo type="any"></navigationInfo>
```

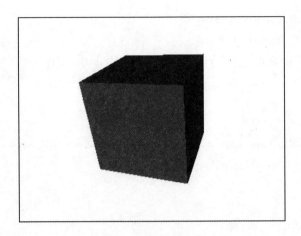

图 5.14 设置为热区的 BOX

16. 媒体

代码如下：

⟨ImageTexture url = 'foo. jpg'/⟩
⟨AudioClip url = '"foo. wav","foo. ogg"'/⟩
⟨MovieTexture url = '"foo. mp4","foo. ogv"'/⟩

17. 引入 3D 内容

使用 Maya、3D Studio Max，输出 X3D（图 5.15）。

18. 从 Maya 输出到 VRML

先使用 PNG 图像进行纹理化，然后选择 Window→Settings/Preferences→Plug-in manager 中的 vrml2Export，再单击"Export All"按钮，最后输出 VRML。

19. VRML 到 X3DOM 的转换

可使用在线转换：http://doc. instantreality. org/tools/x3d_encoding_converter/，或安装 instantreality 后，使用 C:\Program Files\Instant Player\bin\aopt. exe。

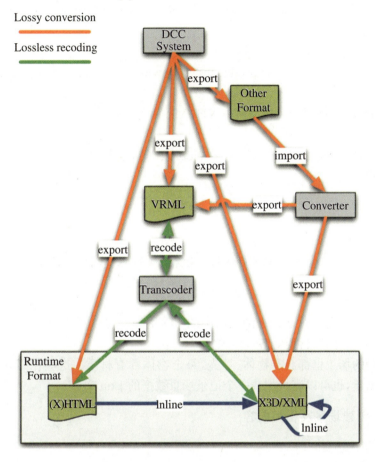

图 5.15

```
    aopt -i foo.wrl -x foo.x3d      # Convert VRML to X3D-XML
    aopt -i foo.x3d -N foo.html     # Convert VRML or X3D-XML to
HTML
    aopt -i foo.x3d -M foo.xhtml    # Convert VMRL or X3D-XML
to XHTML
    aopt -i foo.x3d -u -N foo.html  # Optimization and build DEF/
USE reuses
```

使用相对路径

url='"c:\users\me\maya\project\sourceimages\spaceship_color.png"'

改为

url='"spaceship_color.png"'

(http://newmedia.ustc.edu.cn/vr/down/lesson05/spaceship.htm)

20. 发布

X3DOM 编码支持 HTML 和 XHTML 两种格式，因此，可以直接在浏览器中显示。

目前，Google Chrome、Firefox、WebKit 等浏览器都支持 X3DOM 技术的 3D 实时显示。

5.4 WebGL 框架：Three.js 入门

Three.js 是一款运行在浏览器中的 3D 引擎。可以用它创建各种三维场景，包括摄影机、光影、材质等各种对象。

一般的场景里都会有物体、灯光，每个物体都有材质。这些在 Three.js 中可以手动创建，也可以直接加载一个记录场景数据的 json 文件。

5.4.1 创建场景及相关内容

1. 创建场景

创建场景的代码如下：

```
scene = new THREE.Scene();
```

2. 设置场景大小

设置场景大小的代码如下：

```
var WIDTH = 400,
    HEIGHT = 300;
```

3. 设置镜头属性

设置镜头属性的代码如下：

```
var VIEW_ANGLE = 45,
  ASPECT = WIDTH / HEIGHT,
  NEAR = 0.1,
  FAR = 10000;
```

4. 创建 WebGL 渲染器、镜头以及场景

创建 WebGL 渲染器、镜头以及场景的代码如下：

```
var renderer = new THREE.WebGLRenderer();
var camera =
  new THREE.PerspectiveCamera(
    VIEW_ANGLE,
    ASPECT,
    NEAR,
    FAR);
var scene = new THREE.Scene();
```

5. 在场景中添加镜头

在场景中添加镜头的代码如下：

```
scene.add(camera);
```

镜头起始位置 0,0,0，因此将镜头回拉。

```
camera.position.z = 300;
```

6. 开始渲染

开始渲染的代码如下：

```
renderer.setSize(WIDTH, HEIGHT);
```

7. 创建一个摄像机

创建一个摄像机的代码如下：

```
camera = new THREE.PerspectiveCamera( 25, width / height, 50, 1e7 );
camera.position.z = radius * 7;
```

摄像机视锥的四个参数分别是摄像机的视锥角度、视口的长宽比、摄像机的近切面(Front Clipping Plane)和远切面(Back Clipping Plane)(图 5.16)。

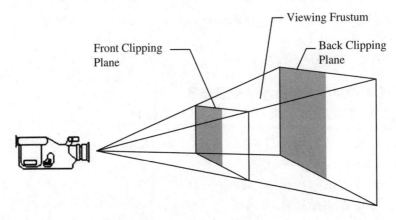

图 5.16 摄像机的视锥

8. 调整摄像机的位置和朝向

Three.js 里可以用 camera.lookAt 函数来设置摄像机的朝向，用 camera.position 设置摄像机的位置。

9. 管理封装

Three.js 中将物体顶点数据的管理封装成为 geometry 接口，将 shader 和 shader 中参数的管理封装成为 material 接口，每次编译加载绑定 shader，传入顶点的数据都会在 WebGLRenderer 中统一处理。

```
var materialNormalMap = new THREE.ShaderMaterial({
fragmentShader: shader.fragmentShader,
vertexShader: shader.vertexShader,
uniforms: uniforms,
lights: true });
var shader = THREE.ShaderUtils.lib[ "normal" ];
uniforms = THREE.UniformsUtils.clone( shader.uniforms );
uniforms[ "tNormal" ].texture = normalTexture;
uniforms[ "uNormalScale" ].value = 0.85;
uniforms[ "tDiffuse" ].texture = planetTexture;
uniforms[ "tSpecular" ].texture = specularTexture;
uniforms[ "enableAO" ].value = false;
```

```
uniforms[ "enableDiffuse" ].value = true;
uniforms[ "enableSpecular" ].value = true;
uniforms[ "uDiffuseColor" ].value.setHex( 0xffffff );
uniforms[ "uSpecularColor" ].value.setHex( 0x333333 );
uniforms[ "uAmbientColor" ].value.setHex( 0x000000 );
uniforms[ "uShininess" ].value = 15;
```

uDiffuseColor：漫反射颜色；
uSpecularColor：高光颜色；
uAmbientColor：环境光颜色；
uShininess：物体表面光滑度。

10. 创建球体

使用球体几何创建新的网格曲面。代码如下：

```
var sphere = new THREE.Mesh(
  new THREE.SphereGeometry(
    radius,
    segments,
    rings),
  sphereMaterial);
// 在场景中添加球体
scene.add(sphere);
```

11. 创建球体的材质

代码如下：

```
    var sphereMaterial = new THREE.MeshLambertMaterial({ color:
0xCC0000});
```

12. 创建地球并且加入到场景里面

如图5.17、图5.18所示，代码如下：

图 5.17 加入到场景中的地球

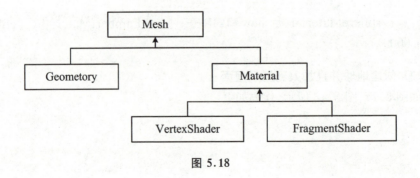

图 5.18

```
geometry = new THREE.SphereGeometry( radius，100，50 );
geometry.computeTangents(); meshPlanet = new THREE.Mesh( geometry，materialNormalMap );
meshPlanet.rotation.y = 1.3;
meshPlanet.rotation.z = tilt;
scene.add( meshPlanet );
```

13. 创建平行光

代码如下：

```
dirLight = new THREE.DirectionalLight( 0xFFFFFF );
dirLight.position.set( -1, 0, 1 ).normalize();
scene.add( dirLight );
```

14. 场景的互动

代码如下：

```
controls = new THREE.TrackballControls( camera, renderer.domElement );
controls.rotateSpeed = 1.0;
controls.zoomSpeed = 1.2;
controls.panSpeed = 0.2;
controls.noZoom = false;
controls.noPan = false;
controls.staticMoving = false;
controls.dynamicDampingFactor = 0.3;
controls.minDistance = radius * 1.1;
controls.maxDistance = radius * 100;
```

15. 旋转地球/计算月球位置/更新摄像机控制/渲染

代码如下：

```
var t = new Date().getTime();
dt = ( t - time ) / 1000; time = t;
meshPlanet.rotation.y += rotationSpeed * dt;
```

```
meshClouds.rotation.y += 1.25 * rotationSpeed * dt;
var angle = dt * rotationSpeed;
meshMoon.position = new THREE.Vector3( Math.cos( angle ) * meshMoon.position.x - Math.sin( angle ) * meshMoon.position.z, 0, Math.sin( angle ) * meshMoon.position.x + Math.cos( angle ) * meshMoon.position.z ); meshMoon.rotation.y -= angle;
controls.update( ); renderer.clear( ); renderer.render( scene, camera );
```

16. 渲染循环

如图 5.19 所示,代码如下:

图 5.19

```
renderer.render(scene, camera);
```

5.4.2 一个在线 Three.js 模型编辑器

一个在线 Three.js 模型编辑器见网页:http://mrdoob.github.io/three.js/editor/(图 5.20)。

第 5 章　从 HTML5 到 WebGL

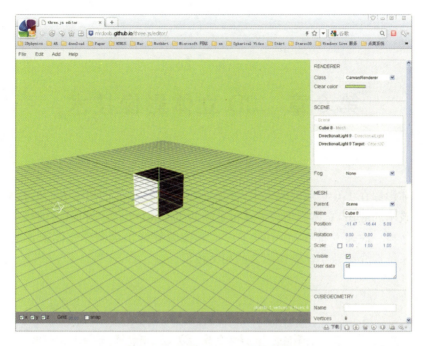

图 5.20　在线 Three.js 模型编辑器

第 6 章 3D 立体影像技术

立体影像在 170 年前就诞生了,曾经流行一时,之后又淡出了人们的视野。随着数字技术的应用,立体影像技术获得了新的生命,3D 电影《阿凡达》的热映,使得立体影像再一次焕发青春,并引发了广大影像爱好者拍摄制作立体影片的热潮。本章将系统地介绍数字化立体影像的相关技术。

6.1 从平面到立体的奥秘:立体影像的原理

人的两只眼睛同时观察物体,不但能扩大视野,而且能判断物体的远近,产生立体感。人通过左右眼观看同样的对象,而两眼所看的角度不同,左眼看到物体的左侧面较多,右眼看到物体的右侧面较多,从而在视网膜上形成不完全相同的影像,经过大脑综合分析以后就能区分物体的前后、远近,从而产生立体视觉。立体电影的原理就是用两台摄影机,像人的眼睛一样,从两个不同角度同时拍摄,在放映时通过技术手段的控制,使人左眼看到的是从左视角拍摄的画面,右眼看到的是从右视角拍摄的画面,从而获得立体效果,使观众看到的影像好像有的在幕后面,有的脱框而出,并且似乎触手可及,给人以强烈的身临其境的逼真感。

既然人能通过同时观察两个平面从而感觉到立体,就可以用两台相机来模拟人的两只眼睛,从两个不同角度进行拍摄,在观看时通过技术手段的控制,使人左眼看到的是从左视角拍摄的画面,右眼看到的是从右视角拍摄的画面,从而获得立体效果。用这样的方法在大脑中得到的合成画面,这会让欣赏者觉得有的部分塌陷到画面的更深处,有的部分凸显到画面以外,似乎触手可及,给人以强烈的身临其境的逼真感。

6.2 分离图像:立体图像的观看技术

为了达到使左眼只看到左机画面、右眼只看到右机画面的目的,目前市场上已出现多种技术手段,分别介绍如下:

6.2.1 偏振分光技术

1. 偏振光分光法

偏振光分光法是影院普遍采用的手段。从两架放映机射出的光,通过偏振片后转换成偏振光,而且左右两投影机前的偏振片的偏振化方向互相垂直,因而产生的两束偏振光的偏振方向也互相垂直。两束偏振光投射到金属银幕上再反射到观众处,偏振光方向不改变。观众用偏振眼镜观看,每只眼睛只看到相应的偏振光图像,即左眼只能看到左机放映的画面,右眼只能看到右机放映的画面,这样就会像直接观看那样产生立体感觉。这时如果用眼睛直接观看,看到的画面是模糊不清的。

偏振技术的观看方式简便且眼镜价格低廉,使得偏振投影系统成为现阶段电影院采用的主流放映系统,这种系统由两台型号相同的投影机、两个方向相互垂直的偏振片和金属幕组成。投影时,将两偏振片分别置于两投影机前端,并调整两投影机位置使得金属幕上的影像对齐,这样,两束相互垂直的偏振光经过金属幕的反射后,观众通过佩戴两偏振片方向与之相对应的偏振眼镜,使得其左右眼分别看到左右投影机所投影的画面,如图 6.1 所示。

2. 偏振光分光放映系统

双投影机偏振光投影系统使用了两台 DLP 投影仪,两台投影仪发出的光线的偏振方向相互垂直。在使用 DLP 技术的投影仪的镜头前加上偏振方向相互垂直的两个偏振片,就可以使两个投影机分别投射出相互垂直的偏振光,叠加在同一块银幕上。观众带上偏振眼镜看银幕,左眼只能看到其中一台投影仪投出的画面,右眼只能看到另一台投影仪投出的画面。

双投影机偏振光投影系统不能使用 LCD 投影仪搭建,因为 LCD 投影仪的表面上已经覆上了一层偏振膜,从 LCD 投影仪发出的光线本来就已经是偏振光了,加上偏振方向相同的偏振片,则不会产生任何效果。如果加上偏振方向垂直的偏振片,就会完全阻挡光的透过,无法投影。

此外,很重要的一个方面是偏振光分光放映系统必须使用金属幕作为投影幕,而不能直接使用白色的墙壁,因为当偏振光被白墙反射回来时,偏振光经过墙面的漫反射,偏振性遭到了破坏。而当偏振光被金属幕反射回来时,仍然能保持偏振方向不变。

图 6.1　偏振技术原理示意图

3. 偏振光分光立体放映系统的搭建

为了搭建一个偏振光分光立体放映系统,我们首先需要让两台投影仪投出的画面大小完全重合,一般来说选择两台相同型号的投影机是一种简单的办法;此外我们还需要一台能独立输出两路视频信号的电脑,为了实现这个目的往往需要配置较新的独立显卡;最后就是需要一个 3D 播放软件,例如 Stereoscopic Player,它可以将左右并列或上下并列的立体影片同步播放到两个投影机上。

当做好了上述软硬件的准备之后,下一步就是让两台投影仪投出的画面重合起来,相同型号的投影仪调整起来就相对容易一些。

调整的方法如下:

① 将两台投影仪上下放置,这是因为上下关系的梯形校正比较容易,这可能需要特别定制的投影仪机架。

② 打开两台投影仪，输出两个不同的画面。
③ 调整两台投影仪投出的画面大小，使得画面大小保持一致。
④ 调整两台投影仪的角度，使得两个画面的边缘完全重合。

调整完成之后，将两个偏振方向相互垂直的偏振片放置在投影仪的镜头前，由于投影机工作时散热较高，偏振片与投影机的位置不宜太近。随后戴上偏振立体眼镜观看金属幕上面的影像，就可以看到立体影像效果。

4. 偏振光立体液晶电视及立体显示器

目前，市场上已经有多种采用偏振光技术的立体液晶电视及立体显示器，使用这种设备我们可以更简单方便地观看立体影像，以下为截至 2011 年 6 月已经上市的一些立体液晶电视及立体显示器产品：

康佳 3D 电视型号：LC42MS96PD、988PD 系列；

TCL 3D 电视型号：4212C3DS、L65P10FE3D；

长虹 3D 电视型号：ITV37650X；

创维 3D 电视型号：E92 系列和 K08 系列，如 42E92RD、47E92RD、47K08RD、42K08RD；

海信 3D 电视型号：TPW42M78G3D、TPW50M78G3D、T29PR3D 系列及 XT39、LED55T29PR3D、TLM37V78X3D、TLM42V78X3D；

宏基 3D 笔记本电脑 Aspire 5738DG；

LG LW5700 偏光式 3D 电视；

LG D2341P 3D 显示器；

AOC/冠捷 E2352PZ 3D 电脑显示器。

立体液晶电视及立体显示器一般使用圆偏光立体眼镜，而电影院里往往使用偏光立体眼镜，因此这两种眼镜是不通用的，购买的时候需要注意。

6.2.2 时分法立体影像技术

1. 液晶快门眼镜技术

时分法是 NVIDIA 现在主推的一项应用，需要显示器或投影机和液晶立体眼镜的配合来实现 3D 立体效果。时分法需要显示器或投影机能够达到 120 Hz 的刷新频率，也就是能够使画面每秒刷新 120 次，液晶立体眼镜将会根据显卡输出的同步指令将其中奇数次的 60 次刷新用于左眼画面的显示，此时右眼处于遮挡状态，而与之交替刷新的另外偶数次的 60 次刷新用于右眼画面的显示，此时左眼处于遮挡状态，这样就可以使左右眼分别看到不同的画面，达到立体成像的效果，如图 6.2 所示。这种立体眼镜的两个镜片都采用电子控制，构造最为复杂，成本也最高。

图 6.2 时分技术原理

2. 时分立体显示

目前投影机、电视机和电脑显示器都有支持时分技术立体显示的设备，它们的特点是投影机和电脑显示器都是采用 120 Hz 更新频率，而电视机则采用 240 Hz 更新频率，以实现画面左右交替时的自然流畅。

时分立体显示只能使用专门的液晶快门眼镜，而这种眼镜的价格往往达数百元之多，与只要几元的偏振立体眼镜相比，其成本过高，而且高速的闪烁也往往会导致不适。时分立体显示技术最大的优势在于能够提供全高清分辨率的立体画面，而基于偏振光的立体液晶电视以及立体电脑显示器都是以分辨率降低一半为代价的，但是如果多人同时观看，眼镜的成本因素就凸显出来了，而基于偏振光的立体液晶电视以及立体电脑显示器在我们距离稍远观看的时候，分辨率下降对视觉效果的影响就已经不明显了。

以上两种方式多用于立体电影的观看，但也能用其观看立体摄影作品。

6.2.3 偏振与时分的结合

时分技术的优势在于单机投影的便捷，而偏振技术的优势在于廉价的眼镜，那可不可以将两者的优点结合一下，既可以单机投影，又可以用偏振眼镜观看呢？要做到这一点，就需要将液晶眼镜"佩戴"在主频为 120 Hz 的投影机上，具体原理如下:投影机射出的光束经过 45°偏振片后,变成单一方向的偏振光,此方式同步的原理与时分技术相同,因为两者的区别只是将原本给观众戴的眼镜戴到了投影机上。在奇数的 60 次变成左眼 45°、右眼 135°偏振光,经过金属幕布反射后,佩戴线偏眼镜过滤即可还原左右眼独立图像,如图 6.3 所示。LG 推出的全高清 3D 立体显示投影机 CF3D 就是这样的产品。

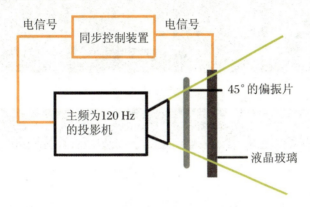

图 6.3 单投影机偏振技术示意图

6.2.4 观屏镜技术

观屏镜是一种专用于观看呈现在计算机屏幕上的左右并列的立体影片的设备,使用者通过调节眼镜可以使得左右眼分别只能看到左右画面(图 6.4、图 6.5)。相比于其他技术,其图像的光线没有任何损失,因而画面会非常清晰。图片左右并列将导致显示载体的有效分辨率折半,即图像最大只能是屏幕的一半大小。

图 6.4 观屏镜

图 6.5 左右并列立体影片

观屏镜的优点是画面清晰,立体效果好;缺点则在于画面利用率低,相当于损失了一半的分辨率。

6.2.5 裸眼看立体

以图 6.6 为例,裸眼看立体的方法如下:
① 将左右并列立体影片正对双眼;
② 左眼盯着左边的图,右眼盯着右边的图;
③ 慢慢调适双眼,使左右图重叠,图像将在调适的过程中由 2 个变成 3 个;
④ 这个时候在中间的重合图像就是立体效果。

图 6.6 左右并列立体影片《鸵鸟》(张燕翔摄制)

6.2.6 互补色分色技术

互补色分色技术是一种建立在数字图像处理基础之上的 3D 立体成像技术，如图 6.7 所示。互补色分色技术有红蓝、红绿、蓝棕等多种模式，如图 6.8 所示。分色法会将两个不同视角上拍摄的图像分别以两种不同的颜色呈现在同一幅画面中，这样仅凭肉眼观看到的杂乱的重影画面，通过红蓝等立体眼镜看却是一种立体的视觉享受。

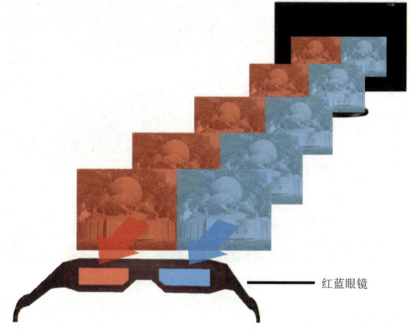

图 6.7 分色技术原理

图 6.8 从左到右分别为：红蓝立体眼镜、红绿立体眼镜、蓝棕立体眼镜

以红蓝眼镜为例,红色镜片下只能看到红色的图像,蓝色镜片只能看到蓝色的图像,两只眼睛看到的不同图像在大脑中重叠呈现出 3D 立体效果。

优点:眼镜价格低廉,影像则是普通电子文件,在任何显示设备上均可显示。

缺点:两眼存在色差,使得色觉不平衡,容易疲劳,而且色盲、色弱群体无法使用。

图 6.9　红蓝分色式立体影片《鸵鸟》(张燕翔摄制)

6.2.7　裸眼立体显示器

目前裸眼立体显示器主要使用透镜(Lenticular Lens)技术或视差障壁(Parallax Barrier)技术,其中透镜技术与光栅立体照片显示技术原理相似。

1. 透镜技术

透镜技术也被称为双凸透镜或微柱透镜技术。它与视差障壁技术相比,最大的优点是其亮度不会受到影响。它的原理是在液晶显示屏的前面加上一层柱状透镜,使液晶屏的像平面位于透镜的焦平面上,这样在每个柱状透镜下面的图像的像素被分成几个子像素,这样透镜就能以不同的方向投影每个子像素,如图 6.10 所示。于是双眼从不同的角度观看显示屏,就看到不同的子像素。不过像素间的间隙也会被放大,因此不能简单地叠加子像素。让柱状透镜与像素列不平行,而是成一定的角度,这样就可以使每一组子像素重复投射视区,而不是只投射一组视差图像。它的亮度之所以不会受到影响,是因为柱状透镜不会阻挡背光,因此画面亮度能够得到很好的保障。但分辨率仍是一个比较难解决的问题。

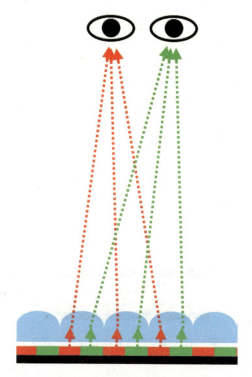

图 6.10　透镜技术立体显示原理

2. 视差障壁技术

视差障壁技术也被称为视差屏障或视差障栅技术,由夏普欧洲实验室的工程师经过十年研究所得。它的实现方法是使用一个开关液晶屏、偏振膜和高分子液晶层,利用液晶层和偏振膜制造出一系列方向为 90°的垂直条纹。这些条纹宽几十微米,通过它们的光就形成了垂直的细条栅模式,称为"视差障壁"。而该技术正是利用了安置在背光模块及 LCD 面板间的视差障壁,在立体显示模式下,应该由左眼看到的图像显示在液晶屏上时,不透明的条纹会遮挡右眼;同理,应该由右眼看到的图像显示在液晶屏上时,不透明的条纹会遮挡左眼。通过将左眼和右眼的可视画面分开,使观者看到 3D 影像,如图 6.11 所示。背光遭到视差障壁的阻挡,所以亮度也会随之降低。分辨率也会随着显示器在同一时间播出影像的增加成反比降低,导致清晰度的降低。

图 6.11 视差障壁技术立体显示原理

6.3 立体摄像设备及拍摄

目前立体影像的拍摄主要有以下几种方法:
① 便携型立体摄像机拍摄;
② 专业型立体摄像机拍摄;
③ 双机同步拍摄;
④ 使用能够拍摄视频的数码相机拍摄。

6.3.1 便携型立体摄像机

1. 索尼 TD10E

索尼 HDR-TD10E 采用了两个索尼 G 镜头、两个总像素均为 420 万的 Exmor R CMOS 影像传感器和两个 BIONZ 影像处理器,其每一套单独系统都能拍摄出 1920×1080/50P 的高清 2D 影像,如图 6.12 所示。

图 6.12 索尼 HDR-TD10E

在 3D 模式下工作时,索尼 HDR-TD10E 的两套系统会全部工作,其每一套单独系统都能拍摄出 1920×1080/50P 的全高清影像,然后通过左右两个高清视频信号不断切换,使每一帧图像均遵循 1920×1080 分辨率的高清记录格式,最后封装为 MVC 格式的 3D 全高清视频。

TD10E 在 2D 模式下具有 12 倍光学变焦,等效于 29.8~357.6 mm;而在 3D 模式下则能实现 10 倍光学变焦,等效于 34.4~344 mm。

广角端的最近拍摄距离建议在 0.8 米,因为如果距离过近,左右镜头的影像就不容易重叠。DV 机不同于人的眼睛,我们人的双眼在对焦近处物体的时候可以改变双眼位置(即斗鸡眼)去对焦近物,而相机的镜头是固定的,所以参考拍摄距离的话,3D 效果会更好、更明显。

TD10E 的一大特色是配备了 3.5 英寸拥有 122.9 万像素的触控式 3D 液晶显示屏,这块显示屏覆盖了一层微透镜 3D 薄膜,能够向左眼和右眼传递不同的影像,也就是说左眼只看到左边镜头所拍摄的画面,右眼则看到右边镜头所拍摄的画面,从而产生视差效应,不用佩戴 3D 眼镜就能实现裸眼 3D 的效果。

可以用索尼摄像机随机附赠的 PMB 软件剪辑视频。过程是这样的:首先将

TD10E 内部的 3D 视频拷贝到电脑中,然后放入 PMB 软件进行编辑,这个时候在 PMB 软件中显示的仅是 2D 影像,编辑完之后将这段视频再拷入 TD10E 就可观看剪辑后的 3D 视频了。之所以能够这样做是因为 TD10E 视频的封装格式为 MVC,这种封装格式会将左右镜头拍摄的视频分别记录,最后再合成,方便后期剪辑。

2. JVC GS-TD1

JVC GS-TD1 采用 HD TG 双镜头、5 倍光学变焦、最大光圈 F1.2、超低色散镜片及非球面镜片,配备 332 万像素的 CMOS 传感器,左右镜头各录制 1080i 视频影像。为方便实时观察拍摄效果,摄像机采用了 3.5 寸的裸眼 3D 液晶触摸屏,如图 6.13 所示。

图 6.13　JVC GS-TD1

JVC GS-TD1(3D)支持全高清 3D 视频的录制,支持 1080i 规格、分辨率为 1920×1080 的 AVCHD(3D/2D)高清视频格式。

3. 松下 HDC-TMT750

松下 HDC-TMT750 采用了一支 f/1.5 光圈的徕卡 Dicomar 镜头(35～420 mm),并且通过 3D 转接镜头的方式实现 3D 影像拍摄,配合 3MOS 技术,可将 RGB 三原色作独立处理,更完美地重现色彩、层次等细节(图 6.14)。

TM750 在加装 3D 转换镜 VW-CLT1 后,即可成为一台 3D 摄像机。这个 3D 转换镜的功能是将入射光线分为两路,分别对应左右眼拍摄画面,在感光元件的不同部位成像,拍摄出的是 960×1080 分辨率的一种左右并列方式的立体画面,可以在松下 VIERA 3D 电视上观看,而在机身液晶屏上预览时只会显示左眼画面。使用 3D 模式拍摄时可以使用防抖功能。但很遗憾的是,由于聚焦方面的原因这个摄像机在 3D 模式下无法变焦，只能使用广角端拍摄。

图 6.14　松下 HDC-TMT750(左为 3D 转换镜 VW-CLT1)

6.3.2　专业型立体摄像机

1. 索尼 PMW-TD300

该机可提供索尼公司的 XDCAM EX 拍摄支持，采用了紧凑的肩部安装扩展设计，并降低了用户在开始拍摄 3D 视频之前所需要进行的安装设置的复杂程度，索尼 PMW-TD300 摄像机配备了一对 3 芯片 0.5 英寸 Exmor Full HD CMOS 传感器，因此这台专业机器可以提供高品质的 3D 立体视频拍摄功能，它的拍摄分辨率可以达到 1920×1080P 的全高清级别，如图 6.15 所示。

除此之外，Exmor Full HD CMOS 专业 3D 摄像机还可以支持索尼公司独有的 XDCAM EX 工作流程，以便改善用户的 3D 视频拍摄体验。索尼 PMW-TD300 专业 3D 摄像机配备四块 64 GB 存储卡，在 HQ 模式之下可以达到 400 分钟之久的拍摄时间，同时作为一款专业 3D 数码摄像机，索尼 PMW-TD300 还配备了一块尺寸为 3.5 英寸的 Type Colour LCD 显示屏作为取景窗。索尼 PMW-TD300 专业 3D 摄像机可以支持的拍摄格式包括"视频：MPEG2 HD(4∶2∶0)，HQ 模式：35 Mb/s，SP 模式：25 Mb/s；音频：Linear PCM(4 声道，16 位，48 kHz)"。这款摄像机采用 H.264 MVC (Multi-Views Coding) 多视图编码技术实现双路全高清记录，并把多视图编码结果记录在一个单一文件中。在 2D 摄制模式下还会把左眼和右眼影像同时记录下来保存在左卡和右卡上,成为彼此的冗余备份。

图 6.15 索尼 PMW-TD300

2. 索尼 HXR-NX3D1U

紧凑型手持式摄录一体机 HXR-NX3D1U 是索尼 NXCAM® 产品线的最新产品(图 6.16),在 3D 模式下可支持 60i/50i/24p 的记录,并且允许用户通过机身上的转轮来调整左右眼的差异,同时在 LCD 上无需眼镜即可查看 3D 效果。这款摄像机的 G 镜头可以在 3D 模式下 10 倍变焦,为 3D 拍摄带来了更多的便捷性。

图 6.16 索尼 HXR-NX3D1U

3. 索尼单镜头立体摄影技术

索尼的单镜头 3D 数码摄像机使用单镜头 3D 摄影系统,能够以 240 fps 同时捕捉左侧和右侧图像,记录自然平滑的 3D 影像,如图 6.17 所示。

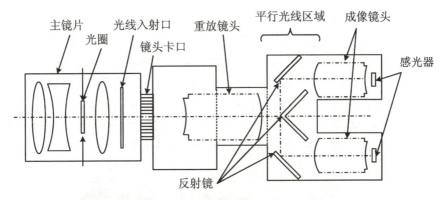

图 6.17　索尼单镜头立体电影摄影机及其光路结构

单镜头系统解决了可能导致双眼光学特征差异的任何问题。它通过使用反射镜替代快门,入射光线可以同时被分离为进入左侧和右侧的影像,并在到达重放镜头的平行光区域(目标物体在此区域的焦点处发出的分离光线变成平行光线)时被记录下来。分离的左侧和右侧影像随后被左右影像传感器分别处理和记录。由于左右眼的影像被捕捉时没有时间差异,记录自然平滑的 3D 影像就成为可能,甚至是快速运动的场景。

4. JVC GY-HMZ1

JVC GY-HMZ1 是一台手持式摄录一体机,拥有两个 332 万像素、CMOS 传感器,分辨率均为 1920×1080,可以在两个 SDHC/SDXC 闪存卡上同时记录全高清左右画面。

图 6.18　JVC GY-HMZ1

5. 松下 AG-3DA1 高清 3D 摄像机

松下 AG-3DA1 由两套 3MOS 图像传感器和两个镜头组成,单个图像传感器尺寸为 1/4 英寸系统,其动态有效像素也是 207 万画素×3×2,即每块 MOS 有 207 万像素,分为两组,每组是 207 万像素×3,两组就是 207 万像素×3×2 了,因此总共使用了 6 块图像传感器(图 6.19)。由于体积原因,松下 AG-3DA1 的镜头光学变焦只有 5.6 倍。松下 AG-3DA1 的 LCD 为 3.2 英寸,拥有 122.6 万像素,机身上还有 HDMI 接口。机器的尺寸为 158 mm×187 mm×474 mm,机器的质量为 2.4 千克。

图 6.19　松下 AG-3DA1

6.3.3 使用索尼 TD10E 拍摄立体视频

1. 拍摄距离控制

使用广角端拍摄 3D 影像时,请与拍摄对象保持约 0.8 m 以上的距离。拍摄距离与变焦有关(图 6.20)。变焦时,请保持大致最短必要距离,推荐在 0.8~6 m 之间拍摄。注意:以下参数仅针对索尼 TD10E。

图中蓝色实心区域表示突出的 3D 效果,半透明区域表示较柔和的 3D 效果。灰色区域代表拍摄对象不能正常形成 3D 影像的距离。

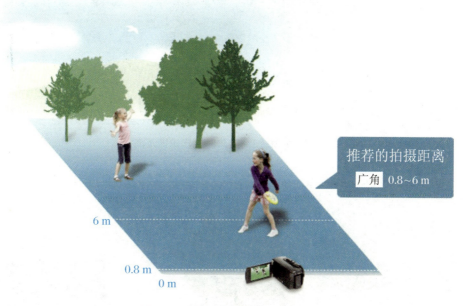

图 6.20　广角端最佳拍摄距离

3×变焦时,推荐在 2.5~10 m 之间拍摄,如图 6.21 所示。

长焦端,推荐在 7.5~20 m 之间拍摄,如图 6.22 所示。

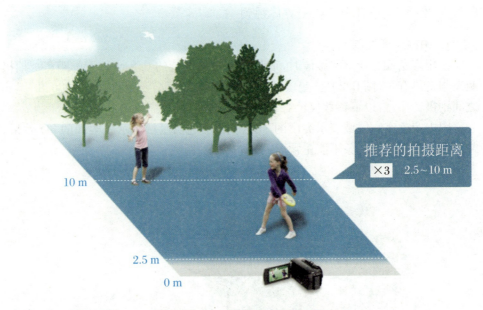

图 6.21 3×变焦时最佳拍摄距离

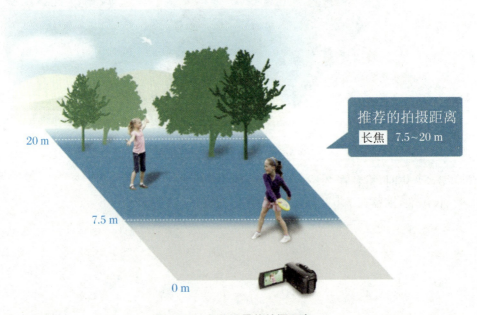

图 6.22 长焦端最佳拍摄距离

2. 其他注意事项

录制中应避免摄像机摆动,如果要移动摄像机,可以在保持摄像机水平的情况下缓慢地平移。

为了获取较好的立体效果,可以通过将装饰用的物体放在主要拍摄对象的前方或后方来创建层次,如图 6.23 所示。

图 6.23 创建层次

6.3.4 双机同步拍摄

1. 双机同步拍摄的注意事项

双机拍摄一般使用双机云台将两个摄像机固定在一起,如图 6.24 所示。使用双机进行立体同步拍摄最大的优势在于双机间距可调,因此灵活多变,适应性强。尤其是拍摄远景的时候,由于单机双镜头摄像机的镜头间距无法调整,因此在这种情况下往往获取的立体感比较微弱,而双机拍摄则能够适应多种情形的拍摄,双机拍摄由于同时需要拍摄者自制拍摄装置,因此需要注意以下事项:

① 为了保证双机参数相同,最好是选择相同型号的机器进行拍摄。

② 双机要在同一水平线上,并且两个镜头要保持平行,拍摄时一定要用三脚架,不宜手持拍摄,因为一点点的摇晃就会导致相机无法保持水平,这种情况下拍摄出来的照片在后期合成立体图像时会很麻烦。

③ 拍摄时,要使用遥控器遥控两台摄像机同步拍摄,使两台摄像机保持同步操作。

图 6.24　双机示意

2. 具有双机同步设置功能的摄像机

Canon XF105 以及 Canon XF100 型号的摄像机内置了 3D 拍摄辅助功能,能够让用户在机内完成双机的画面对齐,在提高 3D 节目前期制作效率的同时降低后期双机画面调整的工作压力(图 6.25)。

图 6.25　Canon XF105

XF105/XF100 采用了国际广电行业广泛采用的主流 MPEG-2 Long GOP 影像压缩格式,使以往肩扛式大型数码摄像机专用的能够满足电视台质量要求的 4∶2∶2 色彩采样率在手持小型机上得以实现,还支持业界标准封装格式 MXF 以及 CF 卡记录等。为了实现 XF105/XF100 的小型化,Canon 采用了新设计的影像感应器以及变焦镜头,此外这两款摄像机还支持红外拍摄功能,能够在黑暗的环境下使用红外线进行拍摄。

内置的 3D 辅助拍摄功能可以在双机拍摄 3D 视频时对双机画面进行调整,提高前期制作效率,并降低后期 3D 素材调整的压力。

光轴调整功能:通过移动防抖镜组,调整镜头光轴,修正由于变焦引起的光轴偏移或调整和另一台摄像机镜头光轴的对应关系(图 6.26)。

有光轴调整　　　　　　　　无光轴调整
即使变焦中心也不发生偏移　　变焦时中心发生偏移

图 6.26　光轴调整功能

焦距调整指南:调整好一台摄像机的镜头焦距后,能够提供视角变化信息用于调整另一台摄像机,保证双机画面对齐(图 6.27)。

图 6.27　焦距调整指南

反向扫描功能:在安装市售的 35 mm 镜头转接器显示逆转图像时,用自定义菜单可改变为垂直翻转、水平翻转、垂直水平翻转记录(图 6.28)。

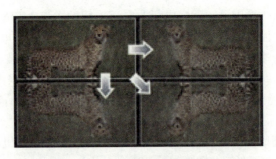

图 6.28 反向扫描功能

6.3.5 使用数码相机拍摄立体视频

1. 具有视频拍摄功能的单反数码相机配合专用立体镜头

英国的 Loreo 公司生产了几种适合于单反相机使用的专用立体摄影镜头,如图 6.29、图 6.30 所示,将这种镜头安装到具有高清视频拍摄功能的单反相机上即可用于立体照片以及立体视频的拍摄,它在拍摄时将左右画面并排成像在一张胶片或感光器平面上,因此实际上的画面利用率降低了一半,同时由于左右画面的交界处有一个模糊的区域,实际画面利用率还不到一半,如果使用照相机的全高清视频拍摄模式进行拍摄的话,有效画面尺寸小于 1080(高度)×960(宽度)。另外 Loreo 镜头的左右间距是固定的,而且是手动对焦方式,光圈也比较小,所以它的使用有一定的局限性,当然将其安装到数码单反上拍摄近景还是比较方便的。

图 6.29 Loreo 生产的 APS 画幅立体镜头

图 6.30 Loreo 生产的 APS 画幅微距立体镜头

2. 能拍摄立体影像的立体照相机

专用的立体相机都具有左右两个镜头,用于捕获左右画面。富士推出的数码立体相机 W3,可以直接获取数字化的立体照片以及立体视频(图 6.31)。

图 6.31　富士 W3 数码立体相机

使用这种立体相机进行拍摄最大的好处在于操作简易方便,无需考虑太多,而且左右画面同步得到了相机自身的支持,这种相机每次拍摄即可获取左右画面。缺点则在于由于左右镜头的间距是固定的,因此当使用这种相机拍摄远景的时候获取的照片立体感不强,这类相机往往只适合于拍摄较近的景物。

6.4　双眼的延伸:立体影像的相关理论

前面提过,立体图像的拍摄实际上是对人眼成像原理的模拟,用两个镜头分别拍摄左右眼观看的图像,这两个镜头就好像是双眼的延伸。为了更好地模拟双眼的观看效果,我们可以选择专门的立体相机,也可以使用两台相同的相机组合拍摄,但是无论采用何种方式,为了拍摄出的画面有更好的立体效果,我们首先需要了解如下的理论。

6.4.1　拍摄可视点:12°夹角理论

据统计,亚洲人的双瞳距平均为 65 mm(欧美人的双瞳距平均为 58 mm),人们在观看与眼睛距离为 0.3 m 的物体时,立体感最强,因为此时双眼所看到的物体表面最多，此时的双眼视线夹角为12°，这就是12°夹角理论。当然如果这个夹角小于12°，也能够产生立体感，只是随着夹角变小，立体感会变弱，反之，如果夹角大于12°，则大脑反而不能将左右画面判断为同一物体，产生不舒服的感觉。

将理论进一步扩展，距离越远，立体感越弱，天上的太阳对于我们来说就好像一个发光的圆圈，几乎没有立体感；相反，距离越近，立体感越强，但是会让人感觉不舒服，距离太近，物体就会发"虚"而看不清楚。可以将一支笔慢慢地向眼前移动来体会一下这种感觉。

然而，在实际拍摄时，我们拍摄的对象不可能仅局限在 0.3 m 以内，而且两个相机镜头间的距离也不止 65 mm，所以我们往往需要根据被拍摄物与镜头之间的距离来调节两个相机间的距离，以接近12°夹角，但是不能超过12°。另外相机焦距的变化，使得相机的视角也会随之变化，这给把握好相机间的距离增加了难度。

6.4.2 拍摄可视范围：多景深机距计算公式

我们拍摄的对象往往不是单一物体的可视点，而是具有不同景深的多个物体的可视范围，根据经验，不同景深的物体越多，整体的立体效果就越好。但此时拍摄单个物体适用的 12°夹角理论就不管用了，为了估算出拍摄多景深立体图像时两相机间的距离，就需要用新的公式。具体来说，如图 6.32 所示。

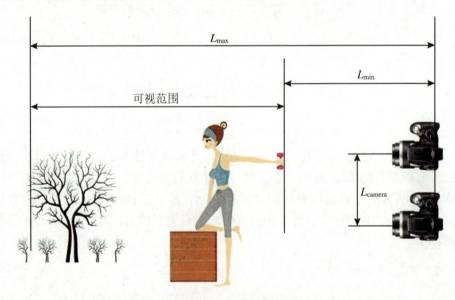

图 6.32　多景深机距示意图

其中，L_{camera} 表示两个镜头轴线之间的距离，L_{max} 是可视范围中最远处距离相机或摄像机成像平面的距离，L_{min} 是可视范围中最近处距离相机或摄像机成像平面的距离，并且假设镜头的焦距为 f，相同物体在左右两机成的像在重叠之后的最大距离为 k 的话，则有

$$L_{camera} = \frac{k(L_{max}L_{min})}{f(L_{max} - L_{min})}$$

借助上述公式，我们可以根据可视范围的最远处、最近处与镜头的距离，结合镜头的焦距以及适当的 k 值，来对两机之间的合理距离进行估算，这样便可以获得逼真自然的立体效果。

从上述公式中，我们还可以直观地得出：

镜头的焦距越大，两相机间的距离应该越小，反之，则越大；被拍摄的可视范围整体越远，两相机间的距离应该越大，反之，则越小。所以，一般拍人像时把两部摄像机靠在一起就差不多了，如果拍摄的主体是远方的风景，两机就得分开一些。

k 值与影像最终的呈现尺寸和其与眼睛的距离有关，成正比关系，同时 k 越大，立体感会越强，但同时有可能使人感到涨眼、不适。

立体影像的成像区域不宜太大，一般情况下，立体成像有效区域在目标距离的 1/2～3/2 之间比较合适，如图 6.33 所示，超出有效成像区域之外的影像往往会给眼睛带来不适感。

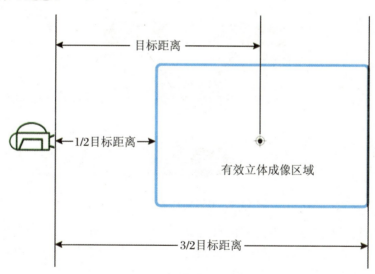

图 6.33　立体成像有效区域

6.4.3 景深、出屏与入屏

我们举个小例子来辅助理解上面的理论,如图 6.34 所示。画面中,拍摄对象由景深不同的三个物体组成:小虫、小花和背景。为了获取理想的立体效果,一般情况下应该把要突出的主体放在画面的中央。这里我们将小花放在画面中央,并将相机的焦点对准小花,这样拍摄出的图像在观看时,就会产生小虫"出屏"、背景"入屏"、小花仍在画面上的立体效果。

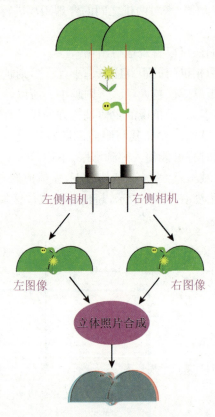

图 6.34 立体照片合成示意

下面来我们来计算一下两相机间的距离。假设小虫到镜头的距离为 5 m,背景到镜头的距离为 10 m,焦距 $f = 50$ mm,拍摄后两图像重叠后的最大距离 $k = 1$ mm,代入公式则可以计算出两相机间的距离

$$L_{camera} = 200 \text{ mm}$$

6.4.4 互补色分色式立体影像的制作

在我们拍摄得到左右两个图像后,接下来就可以将它们合成为立体图像,一个简单易用的免费合成软件是 StereoMovieMaker,可以从此处下载:http://stereo.jpn.org/eng/stvmkr/(图 6.35)。使用这个软件打开左右影片之后,我们可以根据最终的呈现方式选择相应的格式合成及输出立体影片。

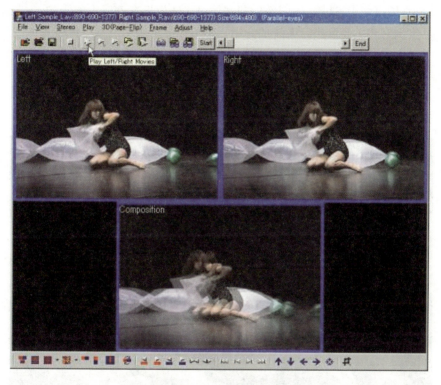

图 6.35 StereoMovieMaker

首先,打开左右影片之后,左右影片会出现在软件界面的上部,而下面则是左右影片合成的效果图,我们可以根据输出的目标选择输出格式,该软件能够支持各种立体显示设备所使用的格式,如分色立体常用的红蓝立体影像,专门立体显示器使用的左右并列或上下并列格式,光栅立体显示器使用的光栅格式,等等。

我们可以通过调整软件界面下方的方向按钮来调节左右影像画面的重叠程度,同时这种调节也会影响到立体感的强弱、出屏效果等。

6.5 拍摄获取最佳立体效果的诀窍

3D立体摄影中,选景、构图及后期制作对立体效果有着巨大的影响,本节将结合作品案例对相关经验进行系统的介绍。本节作品均采用红蓝立体格式。

6.5.1 静物或近景立体摄影

选择结构精巧、层次丰富而整体画面在纵深空间方向相对比较"薄"的对象进行拍摄,如图6.36所示。

图6.36 《木雕》(需要红蓝立体眼镜,张燕翔摄制)

6.5.2 人物或动物立体摄影

如果是拍大头照则可以正面拍摄,如果拍摄全身则最好采用侧面角度拍摄,使被拍摄对象与相机镜头的距离有一个远近变化,并且最好选择细节较丰富的拍摄对象,如图 6.37 所示,这样可以将人物或动物拍得富有立体层次,但背景最好比较简单。

图 6.37 《骆驼》(双机同步拍摄,需要红蓝立体眼镜,张燕翔摄制)

6.5.3 选择连续地从近处蔓延到远处的场景进行拍摄

蔓延的树枝或网状结构,如图 6.38 所示,这种结构整体感极强,远近层次连续而缓慢地变化,因此能够塑造出一个整体感极强的空间。如果远近层次没有连续性而是忽然变化很多的话,拍摄得到的立体影像容易使眼睛产生不适感从而影响立体效果的体验。

图 6.38 《阳朔-大榕树》(双机同步拍摄,需要红蓝立体眼镜,张燕翔摄制)

6.5.4 拍摄风光要选择远近层次丰富的场景

立体风光摄影与传统风光摄影相比较在构图上更注重层次感，远近层次丰富是影响立体效果非常重要的因素，例如《阳朔风光》这幅作品（如图 6.39），如果水面上少了漂来的游船则画面层次就少了很多，立体效果也会逊色很多。

图 6.39 《阳朔风光》（双机同步拍摄，需要红蓝立体眼镜，张燕翔摄制）

6.5.5 使用黑白素材

可使用黑白素材或将照片中红色蓝色的局部改为黑白或其他色。

对于红蓝分色立体照片来说，如果色彩信息并不重要的话将素材转换为黑白图再合成立体照片效果往往更好。因为红蓝分色立体照片中，素材本身的颜色会对表示左右眼图像的红蓝重影产生干扰，从而影响立体效果。尤其当照片中某些局部是红色或蓝色的时候，这些局部产生的干扰更严重，而使用黑白素材则可有效地避免这种干扰，如《漓江牛鹭》原图中的天空和水面比较接近蓝色，会干扰立体效果，改成黑白则避免了这个问题，如图 6.40 所示。而在前面介绍的照片《阳朔山水》中，船上面的伞中灰度色的部分其实本来是红色的，如果不修改的话，伞上面红色的部分就会向红蓝立体眼镜传递错误的信息，干扰立体效果。

6.5.6 出屏、入屏与立体感控制

在后期制作中，对红色及蓝色重影的调节会影响到立体感中出屏与入屏的效果，在调整对齐左右图像的过程中，重影最小甚至没有重影的区域在观看时会给人位于照片平面的感觉，而以这个区域为参照，在其前面的区域将会产生出屏效果，在其后面的区域将会产生入屏效果，在《桂林溶洞》中（图 6.41），将石麒麟尾部的

重影调整到最小,则其头部会显得跃然而出(出屏效果),而背景的溶洞则显得在照片后面(入屏效果)。

图 6.40 《漓江牛鹭》(双机同步拍摄,需要红蓝立体眼镜,张燕翔摄制)

图 6.41 《桂林溶洞-石麒麟》(双机同步拍摄,需要红蓝立体眼镜,张燕翔摄制)

照片的印制尺寸是另外一个直接影响到立体感的因素,相同的立体照片,印制尺寸越大,观看时立体感就越强。

6.5.7 抠除背景

抠除掉跟主体相比较距离相机太远的背景,以减轻远景产生太大的重影导致眼睛产生的不适感,并且使人更加关注主体,如图 6.42 所示。

图 6.42 《亨利摩尔雕塑》(抠像前与抠像后的对比,需要红蓝立体眼镜,张燕翔摄制)

第 7 章   三维输入输出与呈现技术

7.1   三维激光扫描

三维激光扫描,采用空间对应法测量原理,利用激光刀对物体表面进行扫描,由 CCD 摄像机采集被测表面的光刀曲线,然后通过计算机处理,最终得到物体表面的三维几何数据(图 7.1)。根据这些数据即可快速形成实物的三维模型。

7.1   三维激光扫描

7.2 照 片 建 模

软件建模是重要的三维模型制作方式,这种方式的制作成本是比较高的,即便为一些不是很复杂的物体建模也要花费大量的时间和精力。然而,对真实物体建模之后,为了获取比较真实的感觉,还需要花费大量的精力进行材质贴图的制作和调整。

为解决这个问题,近几年出现了一种新的建模技术——基于照片的建模技术。为建模对象实地拍摄两张以上的照片,根据透视学和摄影测量学原理,标志和定位对象上的关键控制点,建立三维网格模型,并且能够将素材照片上的纹理处理成所获得的三维模型的材质贴图。在电影《黑客帝国》中有部分城市场景就是使用这种技术创建的。

目前这类软件有 Canoma、Photo3D、PhotoModeler、ImageModeler(图 7.2)等。

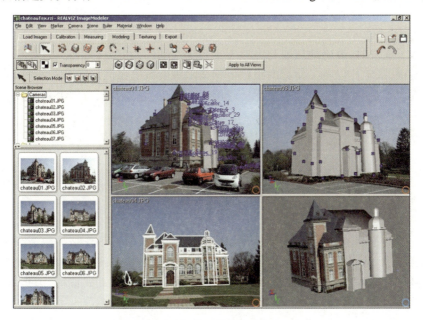

图 7.2　照片建模软件 ImageModeler

7.3　3D 打印

快速原型制造技术(Rapid Prototyping)是在现代 CAD/CAM 技术、激光技术、计算机数控技术、精密伺服驱动技术以及新材料技术的基础上集成发展起来的,其基本原理都是"分层制造,逐层叠加",类似于数学上的积分过程。形象地讲,快速成型系统就像是一台"3D 打印机"。这种技术可以在无需准备任何模具、刀具和工装卡具的情况下,直接接受 CAD 数据,快速制造出 3D 物体的模型。

3D 打印可以采用塑料或金属粉末作为打印的"墨水",构建真实物体。

7.4　三维跟踪传感设备

为了能及时、准确地获取与虚拟现实系统互动的人的动作信息,就需要有精确可靠的跟踪、定位设备。使用的跟踪传感技术主要有电磁波、超声波、机械、光学和图像提取等几种方法,它们被广泛地应用于设计头盔显示器、数据手套等。

7.5　动作输入设备

一般的跟踪、探测设备由于自身构造的限制,用户手的动作被局限于一个比较小的区域中,从而降低了互动性,VR 技术的一项重大突破就是用数据手套代替了键盘、鼠标。虚拟现实的动作输入设备主要有数据手套、浮动式鼠标、力矩球、数据衣服等。

随着计算机技术的高速发展与视频行业对计算机动画制作需求的不断增加,用户对高效率的计算机动画制作手段的需求变得越来越强烈。传统意义上在三维动画制作软件中人工调整虚拟角色动作的工作方式已经成为计算机动画制作过程中的最大瓶颈,而 Motion Capture 技术是上述问题的最佳解决方案。

使用运动捕捉设备,用户可以记录真实物体的物理运动状态,并可以使用这些数据在场景中调整、控制动画角色或物体。在运动物体的关键部位设置跟踪器,由 Motion Capture 系统捕捉跟踪器位置,再经过计算机处理后向用户提供可以在动画制作中应用的数据。当数据被计算机识别后,即可以在计算机产生的镜头中调整、控制运动的物体(图 7.3)。

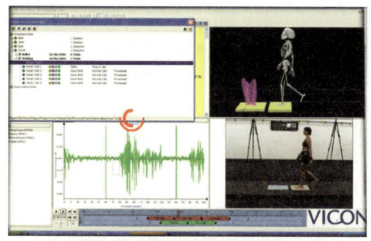

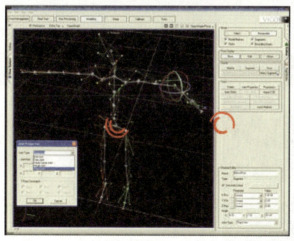

图 7.3 动作信息捕捉系统

7.6 3D 声卡

如果浸没在一个虚拟场景中,尤其是三维游戏中,当我们听枪声的时候就期望能准确迅速地知道声源的位置。普通的立体声系统不能使我们准确判断声源的位置,只能辨别它是在我们左边、右边还是前边。

人的声源定位能力在很大程度上取决于在水平面内的混响时间差、混响级差或压力差和垂直面内的谱信息,3D 声音就是根据人定位声音的这些特点计算生成的,能由人工设定声源在空间中三维位置的一种声音。

3D 声卡可以允许声源被虚置在用户的上方、后方、前方、左方及右方等位置。

7.7 3D 立体显示设备

对虚拟世界的沉浸感主要依赖于人类的视觉感知,桌面式 VR 系统中使用计算机屏幕作为显示设备,但它却不能提供大视野、双眼的立体视觉效果。因此需要专门的立体显示设备来增强用户在虚拟环境中视觉沉浸感的逼真程度。

立体显示设备主要有头盔显示器、双目全方位显示器、液晶光闸眼镜、三维显示器等(图 7.4、图 7.5)。

图 7.4　Volumetric 3D Display

图 7.5　Visionstation 的三维显示器

7.7.1　物理空间中的几何体表面呈现 3D 虚拟影像

1. 球幕

笔者于 2009 年为惠州科技馆以及无锡博物院创作表现当地人文风情的球幕电影《数码惠州》和《无锡精神》,如图 7.6 所示,投影的屏幕是直径 2 米左右的球幕,采用外投的方式将电影的内容展现在球幕的整个表面上。这种通过球形展示的方式逼真地展现出具有极强视觉震撼力的空中剧场影像,具有惊人的效果,令观众获得强烈的身临其境的感受,达到极好的传播效果。

图 7.6　整球形外投球幕电影效果

这个作品采用四台投影机,分别从正交的四个方向等距离地向球幕投射影像,这些影像是经过数学方法处理的,四个投影机的影像在球面上完美地拼接在一起,形成无变形失真的逼真影像,如图7.7所示。

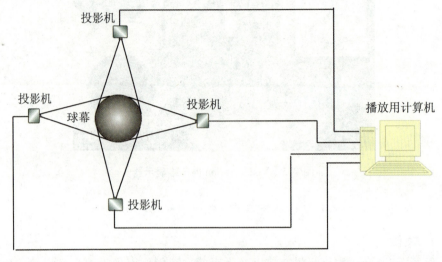

图 7.7　整球形外投球幕原理

球体作为物理空间中一种特别的几何形状,虚拟影像通过这一特殊的介质在其上面呈现,从而使虚拟内容通过物理世界中的几何形状融入物理世界。

2. CAVE

CAVE 系统(图7.8)通过在立方体投影环境的6个面试投射无缝拼接的虚拟影像,为用户提供完全沉浸式的体验,借助数据手套等设备可以使用户获取在虚拟空间里交互的感受。早期的 CAVE 使用 SGI 工作站和多通道图形系统来实现,因此价格昂贵,随着微机性能的提高,采用分布式微机系统实现的 CAVE 成本大为降低。

7.7.2　幻觉型 3D 显示

1. 气体三维投影

IO2 公司的 Chad Dyne 发明的"Heliodisplay"①三维投影系统,通过生成水蒸气在空中构成投影幕,并且通过激光感应系统设计用户与虚拟影像的互动,如图7.9所示。

---

① 参见网页:http://www.io2technology.com/。

第 7 章 三维输入输出与呈现技术

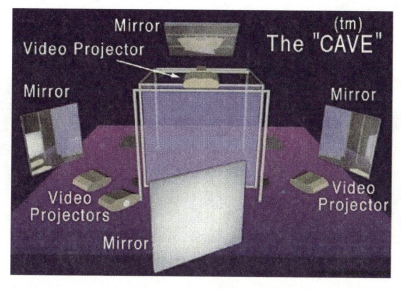

图 7.8 CAVE

图片来自 http://www.lon3d.com/vr168/solution/201010/31367.shtml

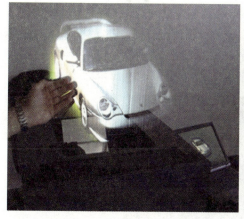
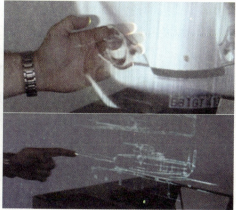

图 7.9 Heliodisplay

FogScreen[①] 公司开发的雾幕由水雾构成成像介质，它使用超声波将一层看不见的水雾化，从而使影像显示在一个很薄的雾气层中，人们可以从中穿过而不影响

---

① 参见网页：http://www.fogscreen.com/applications/。

图像的展示。投影在雾幕上的影像是半透明而忽隐忽现的,甚至能够用两个投影仪在雾幕的两面分别投射不同的影像到雾幕上,使得虚拟的影像与物理世界无缝地融为一体,产生一种神奇朦胧的效果,如图7.10所示。

图 7.10　雾幕

2. 全息投影膜与幻影成像

全息投影膜是一种具有很高透明度的材料,并且能够将投影影像清晰亮丽地呈现在其上面,更重要的是,在保持清晰成像的同时,这种材料还能让观众透过投影膜看见背后的景物,尤其是投影影像内容的暗部,在投射到这种材料上面之后,这个部位就更加透明了,如图7.11所示。一种典型的使用方法就是将影像的主体扣取出来,配以黑色的背景,投射到这种全息膜材料上之后,影像的主体内容就会像是一个三维的物体存在于周围环境之中,可达到很好的艺术效果。

图 7.11　全息投影膜

全息投影膜能提供空中动态显示,画质清晰亮丽,由于材料本身非常薄,因此在使用时灵活自由,没有空间的局限性。这种神奇效果,得益于在国际市场上首次发表的综合衍射图(hologram)技术的实际应用,这是国际上首次实现在无论光源是否充足的情况下,皆能透过正面及背面两侧同时、多角度直接观看影像的划时代专利技术投影膜。[1]

全息膜空间投影屏是新一代的显示设备,具有高清晰、耐强光、超轻薄、抗老化等其他设备无可比拟的众多优势。以分子级别的纳米光学组件——全像彩色滤光板结晶体为核心材料,融合了纳米技术、材料学、光学、高分子等多学科成果和制备加工技术,以有机材料、无机纳米粉体和精细金属粉体为原料生产而成。内部蕴含先进的精密光学结构,以达致高清晰、高亮度的完美显像。

全息膜厚度一般在 0.22 mm 以下,在清晰度、对比度、色彩还原度、耐光性上,都有很好的性能。其玲珑纤薄的结构,让自由环境装潢设计更加自由与人性,使屏幕与环境融为一体,大大提升了气质和品位,如图 7.12 所示。同时,全息膜还具备高刷新率、无闪光、低视觉疲劳的特点,对人体无任何伤害,使观众无需担忧因身体不适而减少体验视觉带来的无限快感。

图 7.12　屏幕与环境融为一体

图片来自 http://www.pjtime.com/2013/2/272021264436.shtml

---

[1]　参见网页:http://baike.baidu.com/view/6817378.htm。

而多层内容融合的另外一种重要的功能则在于可以将多元文化的视觉符号巧妙地融合在舞台空间之上,使戏剧艺术更具文化内涵。

3. Cheotpics360

由丹麦的 viZoo 和 Ramboll 的工程人员开发的最新 Cheotpics360[①] 产品,由四组投影系统组成并结合镜面反射作用,使观众无需佩戴任何专用眼镜,在 1.5～30 m 内,无论从哪个角度都可以看到在空中成像的 3D 立体图,如图 7.13 所示。

图 7.13　Cheotpics360

7.7.3　体积型 3D 显示:全息技术

基于激光干涉原理的全息技术可以在空中无需任何介质而直接呈现出有体积的三维影像,这种技术目前在一些魔术表演中已经有应用,但是成本仍然很高,而且目前的技术只能实现单色影像的显示,但这无疑是未来技术发展的方向。

7.7.4　体积型 3D 显示:体积 3D 显示器

1. 在空气中呈现具有三维结构的影像

激光等离子显示(Laser Plasma Display)技术[②]能够用高能激光在半空中制造

[①] 参见网页:http://gamersrepublic.net/topic/14847-cheotpics360/。
[②] 参见网页:http://www.intuity.de/en/blog/three-dimensional-images-in-the-air/。

出可控的等离子体,这些等离子体在空中发出光辉,从而实现全三维造型的显示,并且可以无需任何投影介质在空气中展示真三维的"空中广告",如图 7.14 所示。但是等离子体会使空气快速膨胀并且产生巨大的爆裂声和浓烈的臭氧气味。

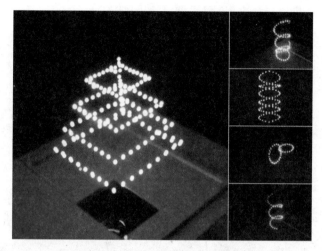

图 7.14 激光等离子显示技术

2. 在三维空间中排列 LED 的显示器

James Clar 及其团队创作的《3D 显像立方体》(3D Display Cube)[①],将受控制的 LED 在一个 10×10×10 格的矩阵立方体里进行排列,如图 7.15 所示,从而可以

图 7.15 《3D 显像立方体》

---

① 参见网页:http://www.slashgera.com/james-clar-lighting-shop-opens-for-business-october-2nd-301890/。

实现一种立体化的显示效果。而 3D 物体的形状可以直接通过控制矩阵立方体里的这些 LED 灯以每秒 60 帧的频率在物理空间中以实体像素的形式进行显示。而 Delft 技术大学的电子工程专业的学生们则使用了 8000 只内部装有红色 LED 的乒乓球建构了世界上最大的 3D 显示器①，如图 7.16 所示。

图 7.16　世界上最大的 3D 显示器

7.8　头戴式 3D 眼镜

头戴式 3D 眼镜能够给用户的视觉系统提供最大的视野范围，从而带来强烈的沉浸感体验。近年来，多家大型技术公司如谷歌、微软等纷纷关注这个领域的产品研发，这类设备已有长足的发展。

7.8.1　Google Project Glass

谷歌眼镜(Google Project Glass)是由谷歌公司于 2012 年 4 月发布的一款"拓展现实"眼镜，它具有和智能手机一样的功能，可以通过声音控制拍照、视频通话和

---

① 参见网页：http://www.turbulence.org/blog/archives/002459.html。

辨明方向,以及上网冲浪、处理文字信息和电子邮件等(图 7.17)。

图 7.17　Google Project Glass

7.8.2　Oculus Rift

Oculus Rift 是一款为虚拟现实环境设计的头戴式显示器(图 7.18)。这是一

图 7.18　Oculus Rift

款虚拟现实设备。Oculus Rift 具有两个目镜，每个目镜的分辨率为 1200×1080，当两个目镜中分别呈现由 3D 环境生成的立体画面时，用户能够获取立体感体验，同时该眼镜可以完全封闭用户的视觉系统，因此能够带来强烈的沉浸感，并且它具有陀螺仪控制的视角能够使沉浸感大幅提升。美中不足的是，目前版本的设备分辨率仍然不是很高，画面效果显得略微粗糙。

7.8.3 HTC Vive

HTC Vive 是由 HTC 与 Valve 联合开发的一款 VR 虚拟现实头盔产品，于 2015 年 3 月在 MWC2015 上发布。由于有 Valve 的 SteamVR 提供的技术支持，因此在 Steam 平台上已经可以体验利用 Vive 功能的虚拟现实游戏。

HTC Vive 通过以下三个部分致力于给使用者提供沉浸式体验：一个头戴式显示器、两个单手持控制器、一个能于空间内同时追踪显示器与控制器的定位系统（Lighthouse），如图 7.19 所示。在头显上，HTC Vive 开发者版采用了一块 OLED 屏幕，单眼有效分辨率为 1200×1080。HTC Vive 的控制器定位系统 Lighthouse 采用的是 Valve 的专利，它不需要借助摄像头，而是靠激光和光敏传感器来确定运动物体的位置，从而允许用户在一定范围内走动。这是它与 Oculus Rift 的最大区别。

图 7.19 HTC Vive

7.8.4 Magic Leap

2015 年前后，Magic Leap 先后获得谷歌公司 15.7 亿美元的投资后，采用了一个迷你投影仪将光线投射到透明镜片上，透明镜片再将光线折射到视网膜上。这种模式的光可以很好地跟用户从真实世界里接受并且传达到视觉皮层的光混合在一起,从而使得虚拟物体与实际物体几乎没有区别。由于这种技术模式中虚实的融合具有极大的视角,使用者会觉得他所看到的周围的一切均来自真实世界及真实世界中东西都是真实存在的(图 7.20)。

图 7.20 Magic Leap

第8章 三维游戏引擎Unity

8.1 什么是Unity3D

Unity3D是一款易操作的全面整合的游戏引擎,它是Unity Technologies开发的,用户可以仅通过它轻松地制作游戏。除了易于操作,跨平台也是它的一个重要特点,它可以发布游戏到Windows、Mac、Wii、iPhone和Android平台,使用Unity Web Player插件还可以发布网页游戏,同时它的网页播放器也被Mac widgets所支持。

8.2 Unity3D基础

8.2.1 界面

1. 主窗口

主窗口的每一个部分都被称为视图(View),在不同的布局模式(Layout Modes)下,包含的视图以及视图的排列有所不同。图8.1为默认布局模式下的主窗口,可以单击右上方的布局下拉控件切换布局模式。

每个视图的名称都写在左上方的标签中,可以看到有以下几个视图:
场景视图:Scene 游戏视图:Game
外观层次视图:Hierarchy 工程视图:Project

控制台视图：Console　　　　　　　资源检视视图：Inspector

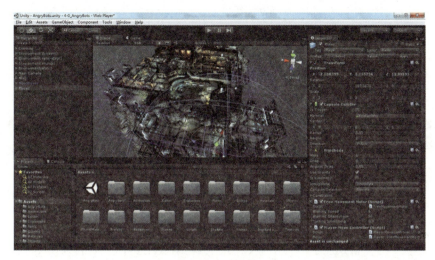

图 8.1　主界面

2. 场景视图

如图 8.2 所示，场景视图（Scene View）是一个可交互的沙盒。在场景视图中你可以轻松地选择或是修改游戏物体（Game Objects）。

图 8.2　场景视图

下面介绍一些基本的指令：

左键:选择物体,右键拖拽:旋转视图,中键拖拽:移动视图。
按住"Alt"键后,左键拖拽:旋转视图,右键拖拽:缩放视图。
选中物体后,按"F"键使场景视图居中显示选中物体。
滚轮:缩放视图。

默认布局模式中,工具栏(图8.3)在场景视图上方,虽然工具栏并不属于场景视图,但工具栏左侧的六个按钮均与场景视图有关。

图8.3 工具栏

按下最左侧的手形按钮可以使左键拖拽能移动视图,而在旋转或是缩放视图时,此按钮的图标会相应发生变化。

手型按钮右侧分别是平移工具、旋转工具、缩放工具,它们可以用来将物体平移、旋转、缩放,它们的快捷键分别是 W、E、R。

右侧的第一个按钮是手柄位置工具,用于切换物体轴心的显示方式。

右侧的第二个按钮是坐标切换工具,用于世界坐标和物体坐标间的切换。

3. 游戏视图

可以发现默认布局模式下,游戏视图(Game View)开始是被隐藏的,它的标签在场景视图标签旁,我们可以点击游戏视图标签将场景视图切换为游戏视图(图8.4)。

图8.4 游戏视图

游戏视图显示的就是运行游戏时能看到的画面,通过这个视图,我们可以方便地对游戏进行调试。

工具栏中间的三个按钮分别是播放(停止)、暂停、步进,如图8.5所示。

图 8.5　游戏视图中的控制按钮

视图左上方的下拉栏可以调节游戏的宽高比,用来测试不同宽高比下游戏的运行情况。

屏幕下方的状态栏(图8.6)将显示提示、错误信息和来自于脚本的输出语句。单击状态栏可以打开控制台视图,双击则可以打开对应脚本的编辑界面。

图 8.6　状态栏

Unity3D有个很贴心的功能,就是播放模式中也可以调整物体属性,并在播放中体现出来。而当你退出播放模式时,被修改的属性值将恢复到播放前的状态,因此,你不必担心丢失之前的工作。

4. 工程视图

建立一个工程时,Unity3D将建立一组文件夹,Asset(资源)文件夹是其中之一。工程视图(Project View)显示的就是Asset文件夹中的资源(图8.7)。

工程视图的操作和资源管理器类似,这里不再赘述。

需要注意的是,尽管工程视图中的文件和资源管理器中的相同,但是在工程视图中移动资源时,Unity3D将自动调节与其有关的连接,而在资源管理器中这么做则会断开连接。所以,除了添加资源,对于Asset文件夹的操作最好都在工程视图中进行。

对于在资源管理器中添加的资源，Unity3D 会自动检测并添加。

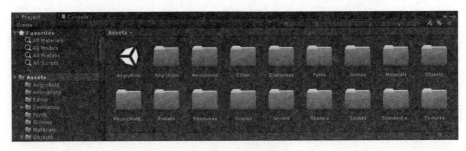

图 8.7　工程视图

5. 层次视图

层次视图（Hierarchy View）中将显示当前的 .unity 场景文件中的所有物体（图 8.8）。当在场景中添加或删除一个物体时，它将在层次视图中显示或消失。

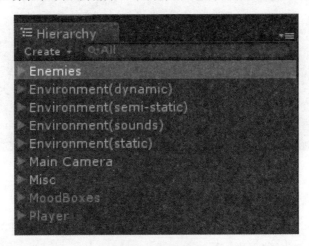

图 8.8　层次视图

层次视图中的层次事实上就是物体的父子关系，单击一个物体并将其拖动到另一个物体上可以建立父子关系，可以通过点击父物体左侧的三角，展开或折叠它的子物体的显示。

6. 资源检视视图

资源检视视图（Inspector View）显示选中物体的属性（包括它包含的组件的属性），可以在此视图中修改物体的属性（图 8.9）。

可以通过资源检视视图下方的 Add Component 或者是菜单中的 Component 添加组件。

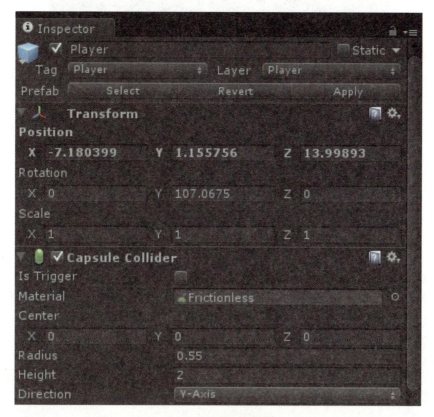

图 8.9　资源检视器

8.2.2　场景搭建

介绍完了界面,接下来介绍在场景搭建中十分重要的几个概念。

1. 游戏物体

游戏物体(Game Object)完全可以从字面上理解,游戏中的所有物体都是游戏物体。然而,游戏的设计中需要各种各样的物体,这时我们便需要在游戏物体中添加不同的组件(Components)来使游戏物体实现不同的功能。可以这样理解,每个游戏物体都是相同的盒子,我们需要在盒子中放入不同的物件使它派上各种各样的用处。

每个游戏物体都会拥有一个变换(transform)组件,这一组件定义了物体在场景中的位置、缩放和旋转。图 8.10 是一个只拥有变换组件的空物体。

图 8.10 只有变换组件的空物体

2. 父子关系

物体的父子关系其实只是位置关系，也只与物体的变换组件相关。建立父子关系(通过在层次视图中拖拽建立)后，父物体的所有变换都将影响子物体。

需要注意的是，父子关系建立后，子物体的变换值就变为了相对于父物体的局部坐标，不再能单独表示物体在场景中的变换。

一个游戏物体可以有任意个子物体，但是只能有一个父物体。

3. 组件

一个游戏物体可以拥有任意数目的组件，每个组件都可以拥有自己的属性，我们可以通过调节组件的属性来得到想要的效果。

组件的属性值可以引用其他的任何组件、文件或游戏物体，只需将需要引用的对象拖动到相应属性值即可。

4. 脚本与游戏物体的关系

Unity3D 对脚本的定位比较特殊，脚本必须要附加到游戏物体上才能发挥作用。

可以将附加到游戏物体上的脚本看作游戏物体的一个组件，将脚本的公有变量看作组件的属性(脚本的公有变量和其他组件的属性一样可以在检视面板直接编辑)。

5. 预设

预设是储存在工程视图的可重用的游戏对象，相当于游戏对象的模板。当一个预设被添加到场景中，实际是创建了这一预设的一个实例。所有的实例都联系在预设上,当改变相应预设时,可以使预设的实例同样发生改变。

要创建一个预设,我们需要先建立一个空预设,再将一个游戏物体拖动到预设之上,松开鼠标后,我们就得到了与游戏物体相同的预设。

8.3 用 Unity3D 实现简易 3D 射击游戏

接下来将示例一个简单的 3D 射击游戏的制作,本例中采用第一人称视角,主要使用 Unity3D 自带的资源,使用的 Unity3D 版本是 4.2.0f4。下面是分步的制作过程。

8.3.1 准备工作及地形

1. 建立工程

建立一个新的工程,在下方选择导入 Character Controller、Skyboxes、Water (Basic) 和 Terrain Assets 这几个包(图 8.11)。点击 Create 后,Unity3D 会自动重启,重启后便进入新建的工程了。

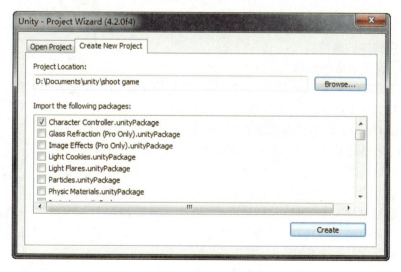

图 8.11 新建工程对话框

2. 建立地形

点击菜单 Game Object→Create Other→Terrain,可以发现场景视图、层次视图、工程视图中都出现了新建的 Terrain(图 8.12)。

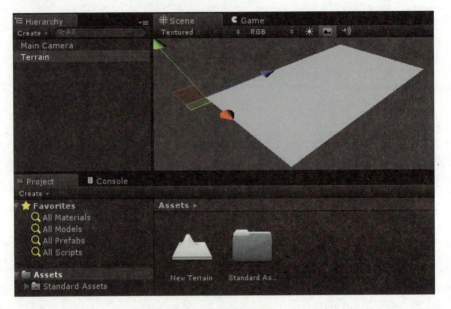

图 8.12 新建的地形

之后我们看向资源检视面板(需在选中 Terrain 的情况下,资源检视面板会显示被选中物体的属性)。

(1) 设置地形的参数

点击 Terrain(Script)组件中第一排的按钮中的最后一个进入地形的设置(图 8.13),将其中 Resolution 下的地形的长(Terrain Length)、宽(Terrain Width)、高(Terrain Height)分别设为 200、200、100(图 8.14)。

注：地形的高度属性决定的是地形的最大高度。

(2) 绘制地形

首先介绍一下 Unity3D 中地形绘制的工具,Terrain(Script)下的前三个按钮便是地形绘制的主要工具,它们依次是"提高高度""绘制目标高度""平滑高度"。这三个工具下的笔刷选择和笔刷设置几乎是完全相同的,除了绘制目标高度工具独有目标高度这一参数(图 8.15)。

顾名思义,提高高度工具能在绘制处提高地形的高度,绘制目标高度工具能让绘制处的地形高度趋向于设置的目标高度改变直到达到目标高度,平滑高度工具能使地形平滑。

图 8.13 地形设置按钮

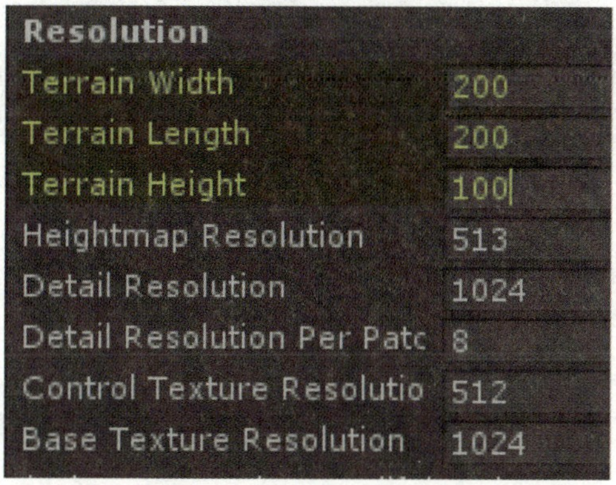

图 8.14 地形设置值

选中这三个工具中的任意一个时,将鼠标移动到地形上可以看到一个和笔刷对应的淡蓝色区域,这就是点击鼠标左键时将会绘制的区域。

和其他图形软件一样,笔刷的选择决定绘制的笔画形状,笔刷的大小决定笔刷覆盖的范围,笔刷的透明度决定笔刷的强度(如使用提高高度工具时,选择更大的笔刷透明度代表了每一笔提高的高度更大)。

Shift 键在地形绘制中有着很重要的作用。若选择了提高高度工具,按住 Shift 键会使工具的作用变为降低高度;若选择了绘制目标高度工具,按住 Shift 键则取鼠标所在处地形的高度作为目标高度。

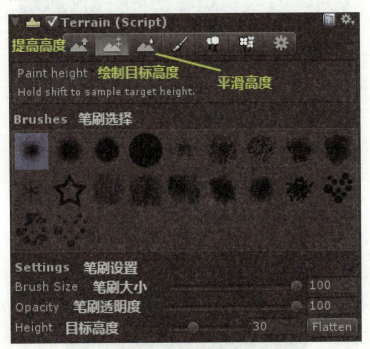

图 8.15　地形绘制工具

选中绘制目标高度工具时,目标高度右侧有个"Flatten"按钮,这个按钮可以将整个地形的高度设为当前的目标高度。

在这个示例中,我们将制作一个岛屿的地形。下面是具体的过程:

选中绘制目标工具,将目标高度设为 30,然后按右侧的"Flatten"按钮将整个地形的高度设为 30。

为了让游戏的地面的 y 坐标为 0,将 Terrain 的 Transform 下 Position 中的 Y 值设为 -30。

使用提高高度工具,设置较大的笔刷大小和笔刷透明度,按住 Shift 键在地形边缘涂抹,得到一个大致的岛屿形状。如图 8.16 所示。

缩小笔刷大小和笔刷透明度,对地形细节稍作微调。选择平滑高度工具进行一定的平滑处理,得到较为令人满意的效果。如图 8.17 所示。

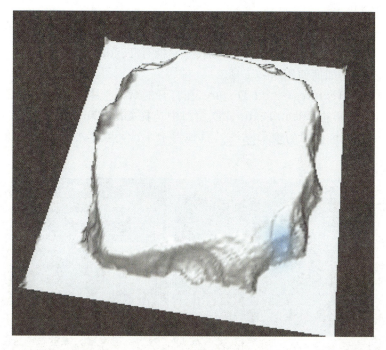

图 8.16 大致形状

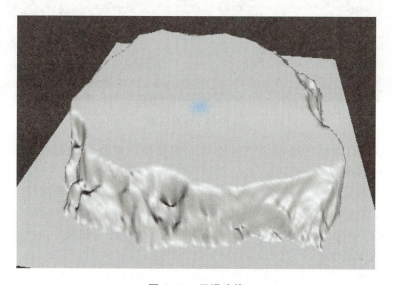

图 8.17 平滑边缘

(3) 绘制贴图

资源检视窗口中的第四个按钮代表绘制贴图工具,这个工具与之前介绍的绘制地形所用的工具很相似,最大的区别在于它拥有 Textures(贴图)字段,下面通过实际操作来说明如何使用这一工具。

点击 Edit Textures→Add Texture,在打开的对话框中点击 Texture 下的 Select 按钮,在打开的 Select Texture2D 窗口中选择 GoodDirt(这是 Unity3D 自带的 Terrain Assets 包中的地形贴图),其他参数不改,点击 Add 按钮。如图 8.18 所示。

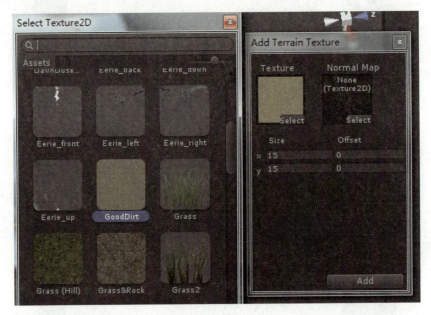

图 8.18 地形贴图

可以看到,地形已经铺上了刚刚导入的贴图。重复添加贴图的步骤,添加 Grass(Hill)贴图。

选中 Textures 下方的 Grass(Hill)贴图,在地形中岛屿的表面涂抹。岛屿中部用大笔刷、高透明度、高目标强度;边缘用小笔刷、低透明度、低目标强度。画错时按"Ctrl+Z"键撤销或选中 GoodDirt 贴图在画错处涂抹。如图 8.19 所示。

(4) 放置树木

点击资源检视面板中的第五个按钮,这代表了绘制树木工具,它与绘制贴图工具比较相似。主要的区别在于绘制树木只能使用圆形笔刷。如图 8.20 所示。

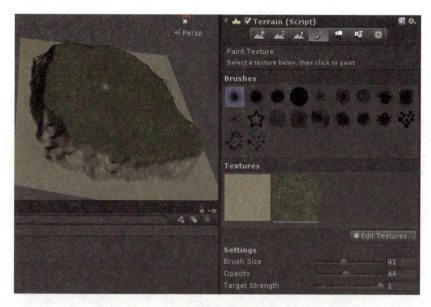

图 8.19 绘制草皮

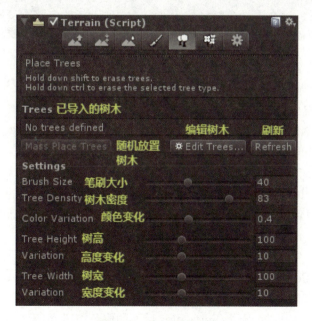

图 8.20 绘制树木工具

其中三个变化参数表示的分别是绘制的树木颜色、高度、宽度的随机程度。直接在地形上点击表示添加树,按住 Shift 键再点击表示移除树。

点击 Edit Trees→Add Tree,添加 Palm。点击 Mass Place Trees,在弹出的对话窗中输入 200 后点击 Place。如图 8.21 所示。

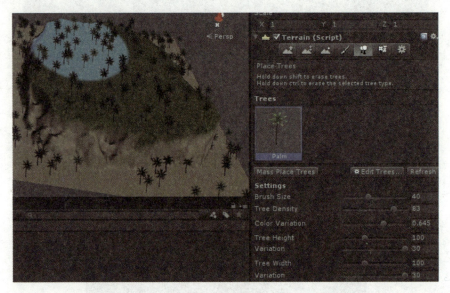

图 8.21 种植树木

之后,用绘制树木工具将岛屿外的树木全部移除。

移除部分岛屿上的树木,使得岛上的树显得不那么均匀。

添加一些不同高度的树木,使得岛上的树不显得那么千篇一律。

最终效果如图 8.22 所示。

(5) 加入海洋

在工程视图中找到 Standard Assets→Water(Basic),将其中的 Daylight Simple Water 拖拽到场景视图或层次视图中。调整它的位置(最重要的是 Y 值),然后将它的 X、Z 轴的缩放设为 1000。如图 8.23 所示。

(6) 加入天空、光、雾

点击菜单 Edit→Render Settings,点击检视面板中 Render Settings 下的 Skybox Material 右侧的按钮,选中 DawnDusk Skybox。

勾选 Fog 后的选框,点击 Fog Color 后面的取色按钮,取天空中远离太阳的云的下端的颜色,并将 Fog Density 参数设为 0.005。

图 8.22 不同高低的树木

图 8.23 加入海洋

点击菜单 GameObject→Create Other→Directional Light 添加平行光,根据场景视图中天空盒中太阳的位置大致调节平行光的方向。之后再切换到游戏视图,调整 Main Camera,使镜头中同时有地面、树、太阳,根据影子的方向对平行光方向进行微调。如图 8.24 所示。

注:在游戏视图下无法直接用旋转工具操作平行光的方向,需要通过在层次视图中选中 Directional light 对象后在资源检视面板中进行调节,此处主要调节 Transform 下 Rotation 中的 Y 值。

对平行光的 Intensity（强度）稍作改变，以营造黄昏日光的感觉。

最后，将 Daylight Simple Water 的 Horizon Color 设为黑色，使水面更暗。

至此，场景中的静物已经基本布置完成。

图 8.24　增加天空、光、雾

8.3.2　创建运动物体

进行这一步前，先在工程视图中的 Assets 目录下新建以下文件夹：

Prefabs——储存预设，Textures——储存贴图，Materials——储存材质，Models——储存模型，Scripts——储存脚本。

游戏中出现的运动物体有：玩家控制的人物、子弹、敌人。

这一步将在游戏中建立这三种物体。

1. 创建人物

（1）人物控制器

在工程视图中找到 Standard Assets→Character Controllers，将其中的 First Person Controller 拖拽到场景视图或层次视图中并重命名为 Player。调整位置，使之位于地面之上，如图 8.25 所示。

由于 First Person Controller 包含一个摄像机，所以可以将层次视图中的 Main Camera 删除。

这一物体有两个子物体，拥有 Character Controller 碰撞箱组件和 3 个脚本组

件,实现了第一人称人物的基本操作。子物体包括:

Graphics　　　　保存人物胶囊形的图像;
Main Camera　　一个镜头,相当于人物的视野,会替代原有的镜头。

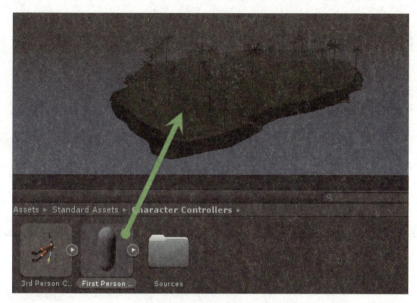

图 8.25　第一人称人物控制器

脚本组件包括:

MouseLook　　　　　实现用鼠标控制镜头朝向;
CharacterMotor　　　实现角色的运动;
FPSInputController　将输入导入到 CharacterMotor。

(2) 树木碰撞

此时播放已经可以在第一人称中观察刚刚搭建的场景了,但是可以发现树并不能阻挡人物的运动,显得不自然,接下来将修复这个问题。

将 Standard Assets→Terrain Assets→Trees Ambient-Occlusion→Palm 中的 Palm 拖拽到场景视图或层次视图,如图 8.26 所示。

选中刚加入场景的物体,点击菜单中 Component→Physics→Capsule Collider 添加胶囊碰撞器,调节碰撞器的边界(胶囊型的绿色骨架)使碰撞器与树木的底端尽量吻合,如图 8.27 所示。

注:树木底端的中心在 $X=0, Z=0$ 处,所以将碰撞器的中心的 X、Z 设为 0。

将修改好的 Palm 物体拖拽到 Prefabs 文件夹中,便得到了名为 Palm 的预设。

· 179 ·

之后,将场景中的 Palm 删除。

图 8.26　导入场景

图 8.27　碰撞器设置

选中层次视图中的 Terrain 物体,打开 Terrain 组件中的绘制树木工具,点击其中的 Edit Trees→Tree，将修改过的 Palm 预设拖拽到对话框中的 Tree 标签上，如图 8.28 所示。

图 8.28　替换预设

再次播放，可以发现树已经可以阻挡人物的运动了。

2．创建子弹

（1）添加准星

将有透明度的准星图片拖拽到 Textures 文件夹中。

注意要在资源检视面板将图片的 Texture Type（图片类型）设置为 GUI（用户界面），如图 8.29 所示。设置完毕，点击资源检视面板中的 Apply 按钮更新导入设置。

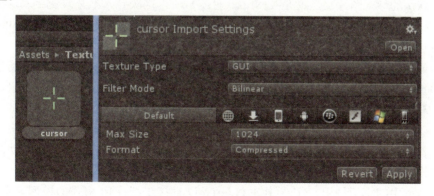

图 8.29　用户界面图片导入

在选中工程视图中的准星图片时，点击菜单 GameObject→Create Other→Gui Texture，用准星图片新建一个用户界面纹理。新建的用户界面纹理默认是居中的，正好符合对准星的要求，所以不需要更多的设置。

(2) 创建胶囊体

在此游戏中将用黄色的胶囊状发光体充当子弹。

首先，点击菜单 GameObject→Create Other→Capsule 创建一个胶囊体，命名为"Bullet"，拖动到人物附近，以人物为参照，对其进行旋转缩放，让它与人物的比例较为适当，如图 8.30 所示。

图 8.30 调整子弹大小和旋转

(3) 赋予材质

接下来，在工程视窗 Materials 文件夹中单击右键 Create→Material 新建一个材质，命名为"Bullet"，拖动材质到场景中的 Bullet 上。

新建一张纯橙黄色的图片命名为 Bullet.jpg，将此图片导入到 Textures 中。因为默认的导入图片类型就是 Texture（材质），所以这次导入不必改变导入设置。

将刚刚导入的图片拖动到 Bullet 物体的材质框内，设置 Bullet 材质的 Shader（着色器）为 Fx/Flare，如图 8.31 所示。

最后将 Bullet 物体拖动到 Prefabs 文件夹，将其保存为一个预设，删除场景中的 Bullet。

3. 创建敌人

(1) 导入模型

首先，需要将敌人的模型导入 Unity3D。本例中将使用一个具有简单动画的简易模型，来演示模型的导入以及如何应用动画。

本例中的模型是用 C4D 制作的，Unity3D 直接支持 .c4d 格式的模型，所以直接将模型 SimpleZombie.c4d 从资源管理器拖拽入工程面板的 Assets\Models 文件夹中。

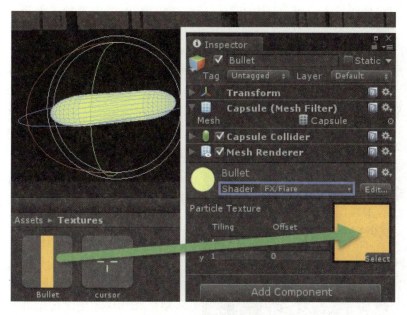

图 8.31 子弹材质设置

可以看到，Unity 在 Assets→Models 目录下自动生成了 Materials 文件夹，模型的材质便储存在其中（如图 8.32 所示的模型和生成的文件夹）。

图 8.32 模型和生成的文件夹

注：Unity3D 支持很多种不同的 3D 软件的模型格式，具体的支持格式请参考其官网。

(2)运动动画

修改模型的导入设置。选中工程面板中的模型文件,资源检视面板中会显示模型的导入设置。点开 Rig 标签,将 Animation Type(动画类型)按照模型使用的动画类型进行设置,此例中使用 Legacy。修改完毕后点击右下 Apply 按钮应用设置。

设定完了动画类型,就可以具体设置动画了。在导入设置中切换到 Animations 标签,在 Clips 中对动画进行剪切,选中动画分段后可以进行设置。主要设置的是动画分段的区间和动画分段的 Wrap Mode(循环模式)。

本例中,模型动画只包括一段 32 帧的行走动画。在实际设置(如图 8.33)过程中,除了使用全部帧作为行走动画外,还取出了其中的第 8 帧用于静止时的动画。walk 的循环模式是 Loop(循环播放)。

由于 3D 模型制作时的尺寸可能与所需的尺寸不同,有时也需要调节模型的缩放比例。对照时将模型拖动到场景视图中生成一个实例。和调整子弹大小时一样,先将实例移动到人物旁,对照人物的大小改动模型的缩放。调节模型导入设置的 Model 标签下的 Scale Factor(缩放因素)控制模型的缩放,在修改数值后必须点击 Apply 才会在场景视图中体现出效果。

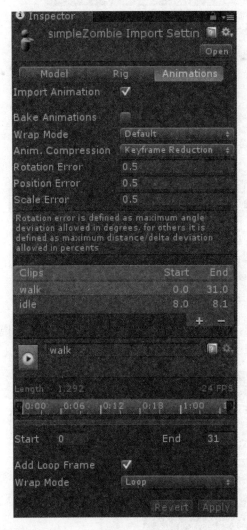

图 8.33

当模型的尺寸合适后,将模型拖动到 Prefabs 文件夹生成预设。
至此,整个游戏的场景和模型部分已经基本完成。

8.3.3 用脚本驱动游戏

接下来需要做的就是将之前创建的模型串联起来,使场景变为一个游戏,这需要通过脚本来实现。

在 Unity 中,脚本被用来界定用户在游戏中的行为,Unity 中的脚本就可以理解为用编程语言编写的游戏逻辑。Unity 支持的编程语言是 JavaScript、C♯、Boo。在本例中,将会用 JavaScript 编写所有的脚本。

由于篇幅的限制,这里不再具体介绍脚本的相关知识。

下面是本例中用于驱动游戏的所有脚本,并将这些脚本放置在 Scripts 文件夹中:

(1) bullet.js 的代码如下:

```
//简单的子弹,无重力影响,只在创建时判断命中,所以不适用于较为低速的子弹

    public var speed = 500.0;
    //子弹速度
    public var distance = 50.0;
    //剩余行进距离——子弹消失前还能行进的距离
    public var fireStrength = 0.1;
    //子弹的力度——决定敌人被击退的效果
    public var damage = 1.0;
    //伤害——子弹击中敌人的伤害
    private var target:GameObject;
    //用于储存被击中的敌人

    function Awake(){
    //在子弹创建时用射线检测是否击中物体,若击中物体,重新设定行进距离;若击中敌人,将敌人存储于 target 中

        var hit:RaycastHit;

        if (Physics.Raycast(transform.position, transform.forward, hit, distance)){
```

```
        //如果击中物体
            distance = hit.distance;
            //将剩余行进距离设为击中的物体与子弹的距离
            if (hit.transform.gameObject.tag = = "enemy") {
            //如果击中的物体的标签是敌人("enemy")
                target = hit.transform.gameObject;
                //将敌人存储在 target 中
            }
        }
    }

    function Update() {
    //用于更新子弹的位置、子弹的销毁和给予敌人伤害
        if (distance< = 0) {
        //当还能行进的距离不大于0
            if (target) {
            //若命中敌人
                var e = target.GetComponent.〈enemy〉();
                //获取 target 的 enemy 脚本组件
                e.onDamage(fireStrength,damage,transform.forward);
                //调用 enemy 脚本中的 onDamage 函数
            }
            Destroy(this.gameObject);
            //销毁此子弹物体
        }
        transform.position + = transform.forward * speed * Time.deltaTime;
        //根据速度改变子弹位置
        distance- = speed * Time.deltaTime;
        //还能行进的距离减去行进的距离
    }
```

(2) fire.js 的代码如下：

```
//开火（创建子弹实例）

public var firePoint:Transform;
//发射子弹的位置
public var bullet:GameObject;
//子弹预设

public var fireRate = 1.0F;
//两次开火的最短间隔
private var nextFire = 0.0F;
//下一次开火的时间

function Update() {

    if (Input.GetMouseButton(0)&&Time.time >= nextFire) {
    //如果按下鼠标左键且能够开火
        var bul : GameObject = Instantiate(bullet, firePoint.position, firePoint.rotation);
        //新建一个子弹实例
        nextFire = Time.time + fireRate;
        //下次射击的最早时间是这次射击时间加上 fireRate
    }
}
```

(3) enemy.js 的代码如下：

```
//敌人的生命和简单 AI

public var maxHealth = 100.0;
//最大生命值
public var health = 100.0;
```

```
//生命值
public var speed = 3.0;
//速度
public var accel = 10.0;
//加速
public var attack = 1.0;
//攻击
public var push = 1.0;
//推力——决定对人物的击退距离
private var player:Transform;
//人物位置
private var t;
//储存人物去除高度后的位置

function Awake() {

    player = GameObject.Find("Player").transform;
    //找到玩家的变换组件

}

function Update() {

    if (health <= 0) Destroy(gameObject);
    //如果生命小于等于0,销毁这个游戏物体
    transform.position.y = -0.1;
    //限制敌人高度
    t = player.position;
    //将玩家的位置置入 t
    t.y = transform.position.y;
    //将 t 的高度设置为敌人的高度
    transform.LookAt(t);
```

```
//敌人看向 t
targetV = transform.forward * speed;
//计算目标速度
deltaV = targetV - rigidbody.velocity;
//计算当前速度与目标速度的差值
rigidbody.AddForce(deltaV * accel, ForceMode.Acceleration);
//给予相应的加速所需的力

}

function OnCollisionEnter(collision : Collision){
//碰撞检测

    var ob = collision.gameObject;
    //获取触发碰撞的物体
    if (ob.tag = = "Player"){
    //如果碰撞的是玩家

        var dir = t - transform.position;
        dir.Normalize();
        //方向是 xz 平面上敌人指向玩家的单位向量

        var p = ob.GetComponent.<player>();
        p.onDamage(push, attack, dir);
        //调用玩家的 OnDamage 函数,造成伤害
    }
}

function onDamage(fireStrength : float, damage : float, dir : Vector3){
//受伤函数

        health - = damage;
```

```
            //生命值减少伤害数值
            rigidbody.velocity + = dir * fireStrength;
            //受到子弹的冲击
            var ht = transform.FindChild("healthBar");
            if (ht) ht.transform.localScale.x = 0.076 * health/maxHealth;
            //如果有血量条,更新血量条
}
```

(4) enemyGenerater.js 的代码如下:

```
//敌人生成器

var enemy:GameObject;
//敌人的预设
var boss:GameObject;
//boss 的预设

var birthRate = 5.0F;
//敌人出现的周期(秒)
var bossRate = 60.0F;
//boss 出现的周期(秒)
var bossGui:GameObject;
//boss 提示的 gui
private var bossBirth = 0.0F;
//下次 boss 出生最早时间
private var nextBirth = 0.0F;
//下次出生最早时间
var generateRange = 30;
//人物周围生成敌人的正方形范围半径
var safeRange = 3;
//人物周围不产生敌人的正方形范围半径
var player:Transform;
```

```
//人物的位置

function Awake() {
    bossBirth = Time.time + bossRate;
    //使boss不在第一时间便生成
}

function Update () {

    if (Time.time >= nextBirth) {
    //如果敌人可以生成
        var instance:GameObject;
        nextBirth = Time.time + birthRate;

        var x0:int = player.position.x;
        var z0:int = player.position.z;
        do {
        //在人物周围的设定范围内随机选取位置
            var x = Random.Range(x0 - generateRange, x0 + generateRange);
            while (Mathf.Abs(x - player.position.x) < safeRange) x = Random.Range(x0 - generateRange, x0 + generateRange);
            //当x值不符合安全距离的设置时,重新生成
            var z = Random.Range(z0 - generateRange, z0 + generateRange);
            while (Mathf.Abs(z - player.position.z) < safeRange) z = Random.Range(z0 - generateRange, z0 + generateRange);
            //当z值不符合安全距离的设置时,重新生成
            transform.position.x = x;
            transform.position.z = z;
        }
```

```
        while (Terrain.activeTerrain.SampleHeight (transform.posi-
tion)<30);
            //当生成位置不在岛上,重新生成
         if (Time.time>= bossBirth) {
            //如果 boss 可以生成,生成 boss

    instance = Instantiate(boss,transform.position,transform.rotation);
            bossBirth = Time.time + bossRate;
            //重置 boss 生成时间
            var gui = Instantiate(bossGui);
            //生成 boss 提示
         }
            else instance = Instantiate (enemy, transform.position, trans-
form.rotation);
            //否则生成普通敌人
          }
        }
```

(5) player.js 的代码如下:

```
    //玩家的生命和游戏结束逻辑

    public var maxHealth = 100.0;
    //生命上限
    public var health = 100.0;
    //生命值
    public var invincibleTime = 0.5F;
    //受伤后无敌时间
    private var nextDamage = 0.0F;
    //用于记录无敌的结束时间
    public var healthGui:GameObject;
    //生命值的 gui
```

```
public var gameOGui:GameObject;
//游戏结束的 gui
public var cursor:GameObject;
//光标

function Awake() {
//人物建立时隐藏鼠标,并取消暂停
    Screen.showCursor = false;
    Time.timeScale = 1;
}

function onDamage(push : float,damage : float,dir : Vector3){
//人物的受伤函数(push——力度、damage——伤害、dir——方向)

    if (Time.time >= nextDamage) {
    //如果不在无敌时间内
        nextDamage = Time.time + invincibleTime;
        //重置无敌时间
        health -= damage;
        //受到伤害
        transform.position += dir * push;
        //被推向伤害方向
    }

}

function Update() {

    healthGui.guiText.text = (health/1).ToString();
    //显示生命值
    if (health <= 0) GameO("drown");
    //生命不大于 0 时,死亡,不显示溺死的提示语
```

```
            if (transform.position.y<-2) GameO("exhausted");
            //掉入大海,死亡,不显示力竭而死的提示语
    }

    function GameO(disable:String) {

        gameOGui.SetActiveRecursively(true);
        //显示游戏结束的GUI
          gameOGui.transform.FindChild(disable).gameObject.SetActiveRecursively(false);
        //取消与disable名称相同的提示语的显示
        if (time.time>timeH.timeH) timeH.timeH = time.time;
        //如果存活时间大于最大存活时间,将最大存活时间设为存活时间
        Time.timeScale = 0;
        //暂停游戏(通过将时间缩放设为0)
        Screen.showCursor = true;
        //显示光标
        cursor.SetActiveRecursively(false);
        //隐藏准心
    }
```

(6) time.js 的代码如下:

```
//用于记录和显示游戏时间

private var time0 = 0.0f;//用于记录当前游戏的时间起点
static var time = 0.0f;//储存当前游戏的进行时间

function Awake() {
    time0 = Time.time;
    //初始化时间起点
}
```

```
function Update() {
    time = Time.time - time0;
    var min:int = time/60;
    var sec:int = time%60;
    guiText.text = (min<10?"0":"") + min + ":" + (sec<10?"0":"") + sec;
    //时间格式转换后以 GUI 形式显示
}
```

(7) timeH.js 的代码如下：

```
//用于记录和显示最长生存时间

static var timeH = 0.0f;

function Awake() {
var min:int = timeH/60;
var sec:int = timeH%60;
guiText.text = "最长存活" + (min<10?"0":"") + min + ":" + (sec<10?"0":"")
    + sec;
    //时间格式转换后以 GUI 形式显示
}
```

(8) removeGui.js 的代码如下：

```
// 用于提示性 gui 的移除

function Update () {

    if (transform.position.x < -0.5) Destroy(gameObject);
//在 x 轴位置小于 -0.5 时移除物体
}
```

(9) restart.js 的代码如下:

```javascript
//重新游戏的按钮

function OnMouseEnter() {
    guiTexture.color = new Color(1,1,1,0.24);
    //鼠标进入时高亮
}
function OnMouseExit() {
    guiTexture.color = new Color(0,0,0,0.24);
    //鼠标离开时取消高亮
}
function OnMouseUp() {
    Application.LoadLevel(0);
    //点击后重新载入场景达到重新游戏的目的
}}
```

第9章 三维虚拟物体设计

9.1 Maya 3D建模

9.1.1 Maya软件的常用操作

在使用Maya时我们应该先了解一下该软件的常用操作,其主要的常用操作有:"W"键:移动;"E"键:旋转;"R"键:缩放;"A"键:满屏显示所有物体;"F"键:满屏显示被选物体;数字键4:网格显示模式;数字键5:实体显示模式;"Alt"+鼠标左键:旋转视角;"Alt"+鼠标中键:移动视角;"Alt"+鼠标右键:缩放视角;"Ctrl+Z"键:撤销上次操作;"Ctrl+D"键:复制;"Ctrl+G"键:建立群组……先介绍这么多,其他未提及的将在下面具体实现中说明。

9.1.2 模型的制作过程

本章制作的模型是一个传统的座扇模型①,其完成效果如图9.1所示。笔者使用的是Maya2013中文版本,所以讲解的时候有的地方就直接使用中文了。下面逐一讲解制作过程:

第一步:模型拆分。

图9.1 座扇模型

---

① 本模型的制作可参见电子课件(课件下载网址:http://press.ustc.edu.cn/article/3292)。

首先确定好想要制作的对象,再将制作对象逐一拆分为几个大的模块,然后在 Maya 中进行逐一制作。

先将电风扇模型拆分为 6 个部分:底座、支柱、衔接块、头部以及扇叶和网架。确定好各个部分后可以利用多边形建模里的立方体、圆柱和球体粗略地做出整个模型的框架,大致模型如图 9.2 所示。

打开 Maya 后将编辑模式调节到多边形,如图 9.3 所示,进而打开多边形建模菜单栏,然后再利用图 9.4 中的多边形建模,点击创建模型,通过数字键 4、5 在实体和网格之间切换。这个步骤主要是确定模型块的位置以及大小,利用缩放("R"键)、旋转("E"键)和移动("W"键)功能将几个模块摆放在相应的位置,同时也会用到视角的转换功能,通过这些可以熟悉 Maya 的基本操作。建议在移动和缩放处理时尽量对每个轴单独操作,这样更方便处理。对于物体的缩放、旋转、移动,也可以通过修改右侧的属性编辑器中的参数进行调整,属性编辑器可以通过"窗口属性/属性编辑器"调出,如图 9.5 所示,通过更改其中的数值从而达到精确摆放。

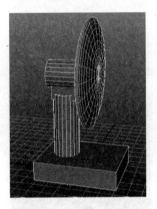

图 9.2 座扇大致模型　　图 9.3 Maya　　图 9.4 多边形建模

第二步,逐一制作模型。

(1)底座的制作。

底座的初始模型是一个长方体,主要用到的是多边形建模下的挤压功能,为了方便操作,可以打开另一个 Maya 操作界面,将长方体复制到新的窗口中,然后在新窗口中对其进行处理操作。通过选中物体按鼠标右键显示出快捷选择工具,选择面或者点进行移动缩放编辑,如图 9.6 所示。在制作的过程中可以按住"Shift"键连续选择多个对象。

点选边编辑模式,选中上边面的底边,对其进行拖动变形,按住空格键,并点击鼠标左键选择前视图,如图 9.7 所示,按下"W"键对边进行移动,使其效果如图 9.8 所示。

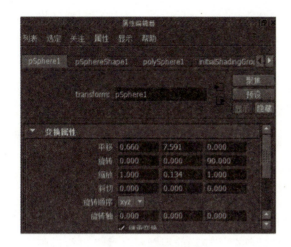

图 9.5 属性编辑器

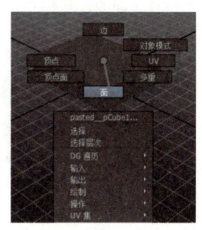

图 9.6

图 9.7

图 9.8

然后选择面编辑模式,选择上边面,再点击"编辑网格→挤出工具",如图 9.9 所示,对其进行缩放处理,结果如图 9.10 所示。

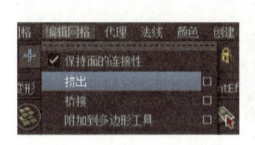

图 9.9

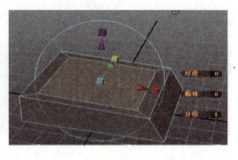

图 9.10

选择边编辑模式,调节边使其如图 9.12 所示,然后对前表面进行同样的操作,使其如图 9.13 所示。

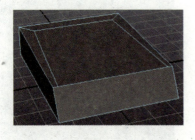
图 9.12

图 9.13

选择挤压出来的上边面,再次对其进行挤压,并调整边,得到图 9.14 所示。

为了使其更加平整,每次挤压出来后都要切换到前视图对其线条进行调整,以保证线条在同一平面上。对于上表面再次挤压得到图 9.15,然后对于三个面都进行挤出,并向上挤出一段,效果如图 9.14 所示。

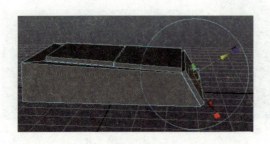
图 9.14

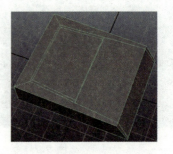
图 9.15

挤压好后,选择边编辑模式,选择边,切换到前视图,将其调节成如图 9.16 所示。然后新建一个长方体,如图 9.17 所示,将其旋转移动到合适位置,如图 9.18 所示。

图 9.16

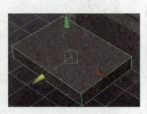
图 9.17

图 9.18

选择长方体,按住"Shift"键点击底座,选择"网格→布尔→并集",如图9.19所示,如此便可将其和底座彻底连接在一起。效果如图9.20所示。

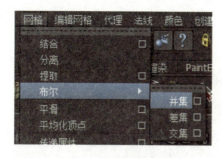

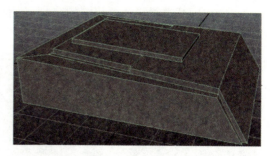

图 9.19　　　　　　　　　　　　图 9.20

以上整个底座的大致操作就做完了,最后删除掉那些没用的线条,除此以外,还要用倒角工具将各个棱处理一下,否则就会显得不美观。首先选中物体,点击鼠标右键,选择边编辑模式,选中需要倒角的边,然后点击"编辑网格→倒角"后面的小方块调出倒角菜单,如图 9.21 所示。可以修改倒角的分段值以及宽度,如图9.22 所示,设置好之后点击应用即可看到效果。最终效果如图 9.23 所示。

图 9.21　　　　　　图 9.22　　　　　图 9.23

对于底座下的四个垫脚,首先利用多边形建模下的多边形管道,做出一个管道模型,修改其大小直至合适,如图9.24。修改完成后将其拖放到适合的位置,通过按下"Ctrl+D"键复制3个相同的垫脚,分别拖放到适合的位置,得出的效果如图9.25所示。

图9.24

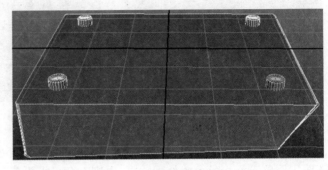

图9.25

对于底座上的两个旋钮,如图9.26所示,同样可以利用布尔运算通过一个圆柱和一个长方体求并集获得。缩放并移动使其大小位置合适,用按键"Ctrl+D"复制另一个旋钮并移动到合适的位置。需要注意的是,不要对旋钮与底座进行布尔运算,毕竟后面制作时需要旋钮运动。然后是两个俯仰调节按钮,同样利用长方体和圆柱布尔运算而来,如图9.27所示。

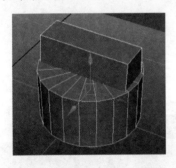

图9.26

图9.27

最后是长方体一个颜色控制开关、一个圆柱体电源开关和一个球形指示灯,放置效果如图9.28所示。最后将它们摆放到合适位置即可,效果如图9.29所示。

(2) 支柱的制作。

首先,支柱的初始模型是一个圆柱体,右键点击物体选择顶点编辑模式,如图9.30所示,按下空格并点击鼠标右键选择顶视图,如图9.31所示,按下数字键4切换到点线模式,如图 9.32 所示。利用鼠标圈选界面上的点,不要点击选择,圈选可以同时选择上下两个表面的点,而点选只能选择一个表面的点。圈选完点后,按下"W"键移动各个点,使其如图 9.33 所示。

图 9.28

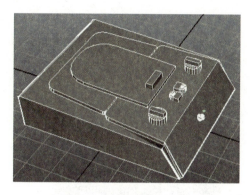

图 9.29

图 9.30

图 9.31

图 9.32

图 9.33

随后按下空格并鼠标右键切换回透视视图界面,圈选上表面的所有点,如图 9.34 所示,按下"R"键对其进行缩放,为了方便观察可以切换到侧视图进行缩放。结果如图 9.35 所示。

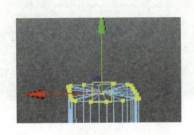

图 9.34　　　　　　　　　　　图 9.35

选中上表面圆的中心点,向上拉升一定距离,使其尽量美观,如图 9.36 所示,完成后按下数字键 5 切换回实体模式,随后再切换到透视视图模式。

然后利用多边形建模做出一个长方体,移动到支柱顶部,并与支柱相互重叠,长方体顶部需要高出支柱,长度比支柱长,宽度比支柱窄,留出适当的空间,这里可利用属性编辑器控制其位置大小,最后大致如图 9.37 所示。摆放好位置后,先选中支柱,然后按"Shift"键选中长方体,点击"网格→布尔→差集",如图 9.38 所示,最后得到图 9.39。值得注意的是,应留意选中的先后顺序,否则留下的部分会与期望的不同。

图 9.36　　　　　　　　　　　图 9.37

图 9.38

图 9.39

最后用同样的方法,利用布尔差集运算在顶部两侧做出圆孔,如图 9.40 所示,效果如图 9.41 所示。然后新建一个球体,压缩变形后将其摆放到合适位置,如图 9.42 所示。再新建一个长方体,摆放到适当位置,如图 9.43 所示,对其进行"网格→布尔→交集"运算,效果如图 9.44 所示。操作完毕后发现坐标轴不在物体中心,这时只需要点击"修改→居中枢轴"即可,如图 9.45 所示。如果觉得不够美观可以适当对其进行缩放移动,做好之后将支柱移动到合适的位置,与底座衔接在一起即可。

图 9.40

图 9.41

图 9.42　　　　　图 9.43　　　　　图 9.44　　　　　图 9.45

(3) 衔接块的制作。

该部分主要担负着整个座扇的运动,做法十分简单。

首先制作一个长方体,改变其大小使之与支柱相契合,如图 9.46 所示。然后,在长方体的底部后面的边上制作倒角,方法在底座制作中已经叙述过了,此处不再赘述。设置倒角宽度为 0.5,分段数为 6,点击应用,效果如图 9.47 所示。

 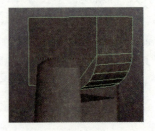

图 9.46　　　　　　　　　　　图 9.47

然后进入面编辑模式,选择顶面,对其进行多次挤出(编辑网格→挤出),第一次放大上移,如图 9.48 所示;第二次上移,如图 9.49 所示;此时切换到边编辑模式,

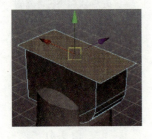 

图 9.48　　　　　　　　　　　图 9.49

"Shift"+鼠标左键选中前侧的两条棱,对其进行倒角,宽度为 0.5,分段数为 3,应用后效果如图 9.50 所示。然后在第三次挤出时缩小,如图 9.51 所示;第四次缩小下移,如图 9.52 所示。

图 9.50

图 9.51

图 9.52

利用多边形建模制作一个球体,与支柱的球体制作方法相同,随后改变球体的大小,将其放在适当位置,效果如图 9.53 所示。然后再利用布尔并集运算,将两物体取并集即可,效果如图 9.54。该步骤也可以在第二次挤出时操作,这样可以直接将球与主体连接在一起,省去切割的麻烦。

图 9.53

图 9.54

随后是各个连接小部件,都是由一些常用的多边形组成,如圆柱、球体等经过缩放而成。

首先新建一个圆球,通过属性编辑器使其 X 轴旋转 90°,当然不旋转也是可以的,旋转仅仅是为了美观,然后按下"R"键调节其形状,使其大致如图 9.55 所示。按下"E"键使其沿 Z 轴旋转一定的角度,将其移动到合适位置即可,如果大小不合适,可按下"R"键,同时用鼠标点中中心的小方块进行整体缩放。

然后新建一个圆柱体,缩放移动到合适位置尽量使其大小与刚才制作的球体匹配,然后利用布尔并集运算,将两者连接起来,如图 9.56 所示。每次布尔运算过后坐标轴中心都会回到原点,所以每次点击"修改→居中枢轴"即可。

 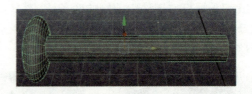

图 9.55　　　　　　　　　　　图 9.56

最后是一个螺母的制作,其原型是一个多边形圆环。新建好圆环之后,调出属性编辑器修改其细分度,轴向细分改为 6,高度细分改为 5,然后调整好大小将它放在对应的位置即可,效果如图 9.57。将其放入整体后,效果如图 9.58 所示。

图 9.57　　　　　　　　　　　图 9.58

（4）头部的制作。

该部分,笔者一开始利用的是曲面建模,然而模型导出后应用到 Unity 中时发现显示异常,故最后改为利用圆柱体逐渐调节各个顶点得到,该模块利用移动顶点制作而成,大体方法与制作支柱的过程类似,只是其横截面略有不同。具体制作如下：

该模块的初始模型同样是圆柱体,首先确定该圆柱体的位置是否合适,然后切换到点编辑模式下,按下数字键 4 切换到点线模式,再切换到侧视图,此时如图 9.59 所示。同样圈选各个点,将其移动使得其大致形状如图 9.60 所示。

图 9.59　　　　　　　　　　　图 9.60

切换到前视图,选择后侧的所有点,按下"R"键对它们进行适当缩小,如图9.61所示。然后圈选各点对其进行移动变形,效果如图9.62所示。这时候可以看到后表面中心的点位置有点不协调,再对其进行适当的移动调整即可,最后重新切换回透视图,实体模式观察效果,成品如图9.63所示。

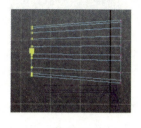  

图9.61　　　　　图9.62　　　　　图9.63

然后用一个圆柱体连接头部和衔接块即可,新建一个圆柱体缩放移动到合适位置即可,如图9.64所示。

接下来就是该部分的摇头控制杆,这部分可以通过利用一个多边形管道和一个圆柱体经过布尔并集运算获得。也可以利用挤出得到,下面讲解挤出方法的过程。

图9.64

首先新建一个圆柱体,调整大小使得其尽量符合整体比例,然后选择面编辑模式,按下"Shift"键选择所有上表面然后点击"编辑网格→挤出",如图9.65所示。然后先对其进行缩小,如图9.66所示,再点击"编辑网格→挤出",将其往下拉伸,如图9.67所示。

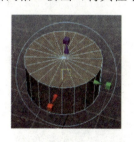 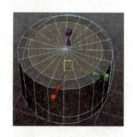 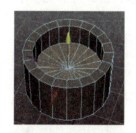

图9.65　　　　　图9.66　　　　　图9.67

对于下表面进行同样的处理,按下"Shift"键选择所有下表面然后点击"编辑网格→挤出"。首先对其进行缩小,如图9.68所示,然后再次点击"编辑网格→挤出",将其往下拉伸,如图 9.69 所示。最后将其放在合适位置即可,如图 9.70 所示。

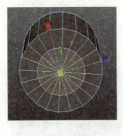
图 9.68

图 9.69

图 9.70

接下来在头部的前端制作一个很薄的圆柱体,利用多边形建模制作一个圆柱体,改变其大小位置使之匹配,然后再利用布尔并集运算,使两者结合在一起,如图 9.71 所示。

然后在前端加上一个圆柱体的转动轴,方法与刚才类似,如图 9.72 所示。

图 9.71

图 9.72

最后是转动轴前端与扇叶相连的部分,主要是由一个圆柱体利用挤出效果制作而成,方法如下:首先制作一个圆柱体,绕 Z 轴旋转 90°,改变其大小到合适比例,然后选择面编辑模式,按"Shift"键点击选择所有前表面,如图 9.73 所示,然后点击"编辑网格→挤出"对其缩小,如图 9.74 所示,再挤出这次对其缩小的部分向外拉伸,如图 9.75 所示。

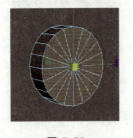
图 9.73

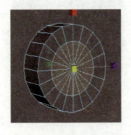
图 9.74

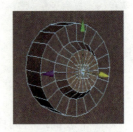
图 9.75

做好之后使之与转动轴进行布尔并集运算,然后放在合适位置即可。对于位置的摆放可以通过按下键盘上的"X""C""V"三个键,分别对应吸附到面、吸附到线、吸附到点,然后再经过适当的调整,这样可以使物体摆放的位置更加符合我们的需求。最后整个头部的模型如图 9.76 所示。

图 9.76

(5) 扇叶以及网架的制作。

对于扇叶,可以使用曲面建模,通过调节曲面上的点以及线条将其拉伸扭曲成为一个扇叶。由于曲面导出到 Unity 中后,显示时会偶尔出现消失的情况,所以这里使用的是多边形建模方法。具体过程如下:

首先利用多边形建模新建一个球体,按下"E"键让其沿 Z 轴旋转 90°,如图 9.77所示,按下"R"键对其进行缩放,然后沿 Z 轴将其压扁,适当留出一定的厚度,但不要太厚,具体如图 9.78 所示。

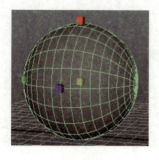

图 9.77

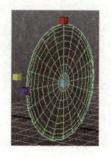

图 9.78

切换到侧视图,点线模式,然后切换到顶点编辑模式,圈选各个点并对其进行移动调节,如图9.79所示,使其大致形状如图9.80所示。在调节的时候若选择多个点进行旋转移动时发现坐标轴心不是太理想,可以按下"Insert"键移动坐标轴心,再次按下Insert键则切换回编辑模式。

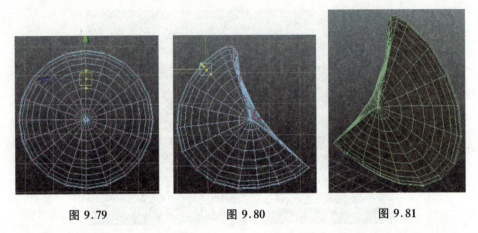

图9.79　　　　　　　　图9.80　　　　　　　　图9.81

做好之后,切换到前视图使其尽量有一定的弯曲,若不想处理,可以直接对其进行适当的旋转使其与垂直平面有一定的夹角即可,最后效果如图9.81所示。

完成之后将其放到合适位置,按下"Insert"键。此时的坐标轴各个方向没有箭头,可对其进行移动,移动其坐标轴心,使之位于风扇的转动轴心,如图9.82所示。可以按下"V"键,捕捉到点,这样能更准确的确定轴心位置,重新按下"Insert"键回到编辑物体模式。按下"Ctrl+D"键复制2个相同的扇叶,分别在属性编辑器中修改其对应的旋转角度,分别是120°和240°。最后效果如图9.83所示。

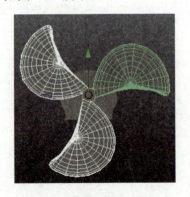

图9.82　　　　　　　　　　　　图9.83

对于网架的制作主要应用的是曲面建模,首先点击菜单栏切换到曲面建模模式下,如图9.84。然后切换至曲线编辑窗口,如图9.85所示,利用这些即可以进行曲线操作。

图 9.84

图 9.85

切换到前视图,点线模式,然后点击 EP 曲线工具,即第三个图标,在前视图上画出一条曲线,如图9.86所示。画曲线的方法是利用关键点,逐点画出,完成时在空白处点击右键,选择完成工具即可,如图9.87所示。

图 9.86

图 9.87

如果觉得画出的曲线不理想,则可以通过选中曲线,点击鼠标右键选中编辑点,如图9.88所示,当所有点都变成叉,这时可以对点进行重新编辑,编辑完成后切换回对象模式即可。

然后利用曲线画出一个圆,调节其大小,并将其移动到曲线的一端,使其尽量

· 213 ·

与曲线相切,在移动圆接近曲线时,可以按住"C"键,捕捉到曲线,这样可以使得圆在曲线上。如图 9.89 所示。

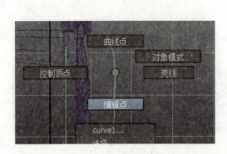
图 9.88

图 9.89

然后点击圆,按下"Shift"键点击曲线,选择曲面建模下的"曲面→挤出",如图 9.90 所示,然后生成一条铁丝,如图 9.91 所示。按下"Insert"键移动坐标轴心,使其位于风扇的转动轴心,可以按下"V"键,捕捉到点,使其能更准确地确定轴心位置,重新按下"Insert"键回到编辑物体模式。

图 9.90

图 9.91

然后选中该铁丝,点击"编辑→特殊复制"旁边的小方块,如图 9.92 所示,调出特殊复制窗口,设置 X 的旋转角度 5 以及复制数量 71,如图 9.93 所示。点击应用,最后形成了整个网架,如图 9.94 所示,然后删掉刚才画出的曲线和圆即可。最后效果如图 9.95 所示。

图 9.92

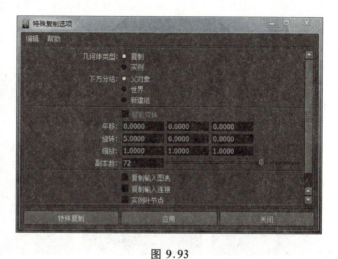

图 9.93

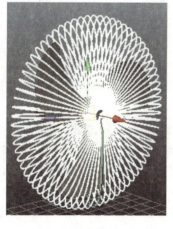

图 9.94

图 9.95

剩下的就是网架上面的几个圆框，同样可以利用刚才的方法制作，但考虑到导入 Unity 中的问题，最好还是利用多边形建模处理。

重新切换到多边形编辑模式,新建一个多边形圆环,通过改变属性编辑器中的属性来修改其半径和截面半径,使其大小与整个网架相称。同样按下"V"键使其坐标中心与转轴中心重合,然后调节其与网架间的距离,使两者相交,最后效果如图 9.96 所示。

然后按"Ctrl+D"键复制一个相同的环,移动,放置到后面的合适位置,如图 9.97 所示。再新建一个圆环,调节其属性半径,使之符合整个网架大小,其界面半径应尽可能小,然后按下"R"键,对 Y 轴进行拉伸放大,这样就会使得其看上去扁平,如图 9.98 所示。多次调节直到符合大小比例即可,如图 9.99 所示。

图 9.96

图 9.97

图 9.98

图 9.99

图 9.100

最后在前面加上一个圆形盖子,方法是新建一个圆球调节其大小使其契合,然后按下"R"键,对其 Y 轴进行压缩,压缩到适当大小即可。最终该模块如图 9.100 所示。

第三步,打组及渲染。

各部件做好之后,调节它们之间的大小位置使其看上去更加和谐,调节完成后选择"编辑→按类型删除全部→历史",如图 9.101 所示,将所有历史全部删除,以免历史影响到以后的一些操作。然后拖动鼠标选中所有器件,选择"修改→转化→NURBS到多边形",如图 9.102 所示,使所有曲面变为多边形，这是为以后在 Unity 中使用做准备，也是为了编组时方便。

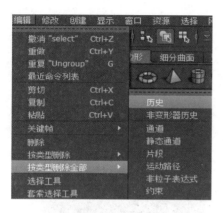

图 9.101

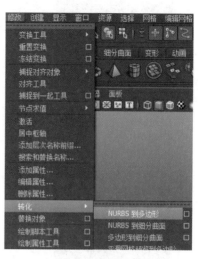

图 9.102

我们在转化之前，也可以打开"窗口→大纲视图"，如图 9.103 所示，对整个转化过程进行观察。通过观察可以看到大纲视图中已经有很多分组了，如图 9.104 所示，这些并不是我们所期望的分组，我们可以通过"编辑→解组"（图 9.105），将原本分好的组解开。全部解开后如图 9.106 所示。

图 9.103

图 9.104

图 9.105

图 9.106

从大纲视图中可以看出还有一些模型为曲面,利用"修改→转化→NURBS 到多边形",使所有曲面变为多边形,操作完成后我们可以发现大纲视图中新建了许多多边形模型,这说明曲面已经转化为多边形了,然而曲面文件并没有消失,我们可以在大纲视图中选中这些曲面,将它们全部删除掉。此时原本在旋转观察时会发生形变的铁网就彻底稳定了。这时整体的模型如图 9.107 所示。

拖动鼠标选中所有器件,按下"Ctrl+G"键对其进行编组 1,如图 9.108 所示;然后选择能上下旋转的部分进行编组 2,如图 9.109 所示;选择能左右旋转的部分进行编组 3,如图 9.110 所示;最后是对扇叶旋转的部分进行编组 4,如图 9.111 所示。

打开"窗口→大纲视图",从大纲视图中可以清晰地看到各组的情况,如图 9.112 所示。如果出现编组错误可以通过"编辑→解组"实现解组。

第 9 章 三维虚拟物体设计

图 9.107

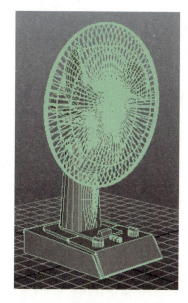

图 9.108

图 9.109

图 9.110

· 219 ·

图 9.111

图 9.112

在编组完成后,按下"Insert"键,移动坐标轴心使其位于旋转的轴心,这样在制作动画时才能更方便。此时可以按下"C"或者"V"键准确定位,具体位置分组时在图中已经给出。移动完后再次按下"Insert"键返回。值得注意的是,只能在大纲视图中才能选中组,直接圈选是无效的。

对于渲染,首先点击"窗口→渲染编辑器→Hypershade"打开渲染窗口,如图9.113 所示。需要做的仅仅是对物体进行简单的上色,在渲染窗口中点击右侧创建中的 Lambert 材质,如图 9.114 所示,这时可以通过修改属性管理其中刚创建的

图 9.113

Lambert 材质的一些属性,例如颜色、透明度等等,如图 9.115 所示。同样的方法可以通过新建 Blinn 材质,使得材质具有球体反光效果,这主要是利用到铁丝网上。

图 9.114

图 9.115

设置好之后,在主界面中选中需要赋予材质的物体,然后在渲染编辑器中,选中需要赋予的材质球并按下鼠标右键选择"为当前选择指定材质",如图 9.116 所示。通过该种方法可以简单地为模型赋予不同的颜色。将不同表面添加颜色后的效果如图 9.117 所示,此处可自由发挥更改颜色。

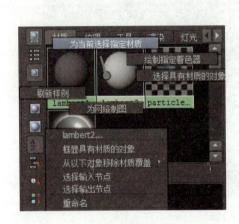

图 9.116

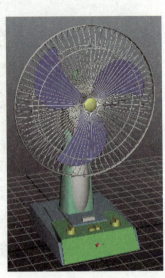

图 9.117

9.1.3 模型导出

这时需要将做好的模型导入到 Unity 中,由于 Unity 只接受后缀为 fbx 的文件,所以在导出时应选择 fbx 格式。前文中多次提到不能用曲面进行导出,是因为利用曲面导出的模型导入 Unity 后,曲面部分会变成半透明或者透明状态,这并不是我们想要的效果,所以在导出前应选择"修改→转化→NURBS 到多边形",使所有曲面变为多边形,这一步已经在前面提到过,此处不需要再次操作。

最后选择"文件→导出全部",如图 9.118 所示,调出导出界面,选择导出文件夹,编写文件名,选择导出格式 FBX,如图 9.119 所示,点击导出全部,到此 Maya 模型的制作就完全结束了。

图 9.118

图 9.119

9.2 Unity3D 人机交互实现的详细过程

9.2.1 Unity3D 的界面与操作说明

打开 Unity3D 选择"File→New Project",点击确定创建新的工程文件,如图 9.120 所示,新建窗口如图 9.121 所示。编辑好工程名,对于下方的工程文件包暂时可以不予关心,在以后需要的时候再导入即可,点击 Create 创建工程。

创建好之后,可以看到如图 9.122 的以下几个界面,首先是 Hierarchy,其内部主要是场景中的物品,Project 界面主要是工程文件下的整个目录及文件存放位置,Console 是游戏运行时的文本输出界面,Inspector 是场景中物品属性设置界面,Scene 是主要的模型操作界面,主要通过"W""E""R"键分别对模型进行移动、旋转、缩放。对于视角的切换与 Maya 软件类似,都是通过"Alt"键加鼠标控制,与 Maya 不同的是按住鼠标右键,再配合"W""A""S""D"键或者上、下、左、右键可以更加方便地转换视角,"F"键则将选中物体全部显示于画面中心。最后一个界面即 Game 窗口,该窗口主要是游戏效果预览,点击上方的游戏运行界面可以在该窗口中运行游戏。另外,通过拖动,可以按个人喜好摆放窗口位置。另外空格键是将当前鼠标所在的窗口最大化,再次点击空格将窗口还原。

图 9.120

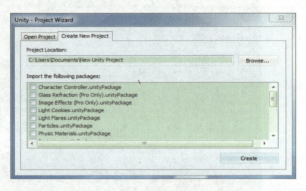
图 9.121

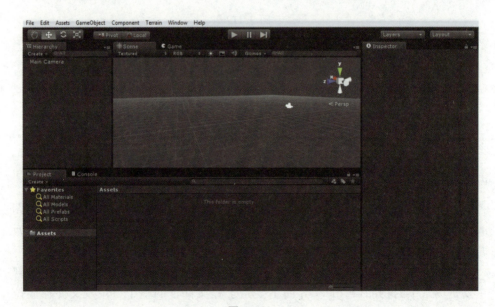
图 9.122

9.2.2 Unity 的详细制作过程

1. 场景设计及模型导入

创建好工程文件后,点击"File→New Scene"创建场景,如图 9.123 所示,按下"Ctrl + S"键将其保存在目录文件下新建的 Scenes 文件夹下,这时可以看到 Project 中多出一个 Scenes 文件夹,点击它可以在右侧看到保存的场景,如图 9.124 所示。

图 9.123

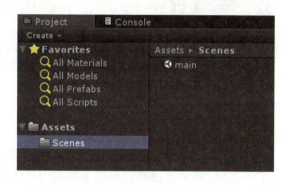

图 9.124

点击"GameObject→Create Other→Cube"创建一个立方体,如图 9.125 所示,这时 Hierarchy 中多出一个 Cube 文件,Scene 中也会多出一个立方体。选中立方体,Inspector 中就会显示其属性,通过修改其属性可以对其进行相应的操作,首先修改其名称为 ground,然后将 Position 值全部修改为 0,将 Scale 属性 X、Y、Z 分别修改为 40、0.3、40,如图 9.126 所示,这时候我们可以看到立方体已经变成一层薄薄的地面了,如图 9.127 所示。

图 9.125

图 9.126

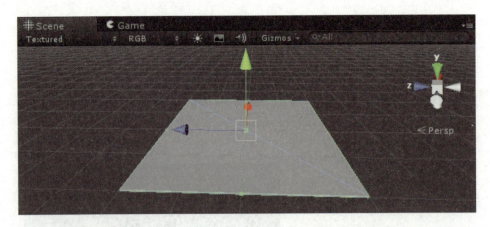

图 9.127

在 Project 中选中 Assets 点击右键 "Create→Folder" 新建一个文件夹,如图 9.128 所示,命名为 Models。右键点击该文件夹选中 Show in Explorer,如图 9.129 所示,这时在电脑中会弹出 Models 文件夹,将 Maya 文件导出的 FBX 文件拷贝到 Models 文件夹下,切回 Unity 主界面,会发现文件已经自动导入到了 Unity 中。

图 9.128

图 9.129

在 Project 中找到创建好的模型,点击后可在 Inspector 中查看,点击 Inspector 下的小图标,长按鼠标左键可对其进行旋转查看。修改 Inspector 下的 Scale Factor 的值为 0.25,并勾选 Generate Colliders,如图 9.130 所示,该选项使其具有物理性质,即质量硬度等,更改之后拖动右侧的滚动轴,找到 Apply,并点击,如图 9.131 所示。然后将 Project 中的模型拖到 Scene 中,这时可以看到模型已经导入到场景中了,如图 9.132 所示,此时可以拖动调节其位置,若觉得大小不合适,可退回到上一步改变 Scale Factor 的值，或者直接利用缩放功能。

图 9.130

图 9.131

图 9.132

将模型放到世界坐标的正中央，接下来是摄像机的制作控制，笔者利用的是 Unity 自带的第一人称控制，右键点击 Assets，选择"Import Package→Character

Controllers",如图 9.133 所示,全选并点击 Import,然后在 Project 的搜索栏中键入 First Person Controller,如图 9.134 所示,找到该模型,先删除 Hierarchy 中的 Main Camera,然后再将该模型直接拖入 Scene 中,此时我们可以看到 First Person Controller,如图 9.135 所示。然后我们需要将其移动到合适位置,使得在 Game 窗口中能看到完整的风扇模型,然后点击上方的运行,如图 9.136 所示,随后可以调出 Game 窗口查看效果,通过鼠标和"W""A""S""D"键可以控制摄像头的移动。

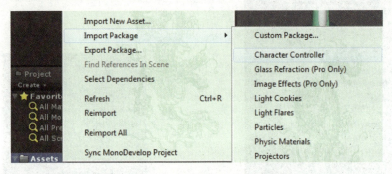

图 9.133

图 9.134

图 9.135

图 9.136

最后是灯光以及天空,对于灯光通过点击"GameObject→Create Other→Point Light",如图 9.137 所示,设置一个电光源,同样可以通过 Inspector 窗口,对其属性进行修改,如图 9.138 所示,这里主要是更改 Range 和 Intensity 的值,将其放到合适位置后,切换到 Game 窗口观察调节即可,最后效果如图 9.139 所示。

图 9.137　　　　　　　　　　图 9.138

图 9.139

接下来是天空的制作,展开 First Person Controller,在其展开项中选中 Main Camera,如图 9.140 所示,点击"Component→Rendering→Skybox",如图 9.141 所示。这时在 Hierarchy 中摄像头属性最后一栏会多出 Skybox 栏,如图 9.142 所示,此时 Custom Skybox 后面为空。此时先右键点击 Project 中的 Assets,选择"Import Package→Skyboxes",如图 9.143 所示,全选导入。然后点击 Custom

Skybox 后面的小圆圈，调出天空模式，选择 Sunny2 作为背景，如图 9.144 所示，此处可以按个人喜好自由选择。

图 9.140

图 9.141

图 9.142

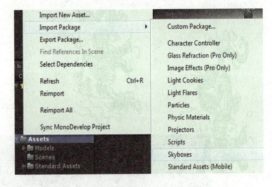

图 9.143

图 9.144

至此整个模型的基本界面就已经搭建得差不多了。最后效果如图 9.145 所示。

2. 修饰物品设置

为了区分两个旋钮的作用以及说明各个按钮的用途，因而需要添加文字说明，方法是"GameObject→Create Other→3D Text"，如图 9.146 所示，该方法添加的是 3D 文本，可通过 Inspector 修改其显示内容，如图 9.147 所示，将其缩放移动到合适位置即可。分别制作 level 和 time 以及 ON/OFF 三个 3D 文本，最后效果如图 9.148 所示。

· 230 ·

第9章 三维虚拟物体设计

图 9.145

图 9.146

图 9.147

图 9.148

为了观察方便，于是在游戏窗口左上角添加了剩余时间以及风力等级的文字说明。该方法是"GameObject→Create Other→GUI Text"。该方法添加的文本在Scene中并不会显示，其主要显示在Game窗口中，要调节GUI Text的位置可以通过修改Inspector中的Position参数，仅X、Y有效，需要注意的是，这些参数值的范围是0~1之间。以Time为例，如图9.149所示。然而字体大小是无法调节的，若需要修改字体大小则需要导入新的字体材质。最后所有处理好的效果如图9.150所示。

此外，为了知道电源的接通情况，可在窗口的正上方添加三个GUI Text，如图9.151所示，以后再对其进行编程处理。另外，考虑到后期需要帮助菜单，所以可以在右下角添加一个内容为Help的GUI Text。

图 9.149

图 9.150

图 9.151

最后考虑到电风扇后期的功能性问题，需要在界面上添加一些按钮，用于更改电风扇的扇叶颜色，主要制作方法如下：

首先，新建6个GUI Text，依次命名为Text10~Text15，将它们的内容全部修改为O，看上去像是一个选中提示。将它们的Position的X全部修改为0，Y的值由0.65递减到0.4，此时可以在Game窗口看到，整个窗口右侧有一列白色的O，如图9.152所示。

图 9.152

然后，右键点击Project窗口中的Assets文件夹，新建一个名为Pictures的文件夹，将图9.153所示的几个长方形纯色图片移动到Pictures文件夹下。此时我们可以看到Project窗口中已有6个图片，如图9.154所示，我们选中图片h0，然后再点击"GameObject→Create Others→GUI Texture"，如图9.155所示。这时我们可以在Game窗口看到界面的正中间多出了一块蓝色的长条，与此同时

Hierarchy 中也多了一个名为 h0 的文件。

图 9.153

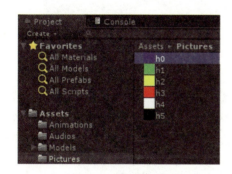

图 9.154

图 9.155

将所有图片都进行以上处理,分别展开 Hierarchy 中 h0～h5 的 Inspector,将它们的 Position 中的 X 都修改为 0.02,Y 从 0.64 递减到 0.39。此时我们可以在 Game 窗口中看到一列颜色条,并且每个颜色条旁边都有一个白色的圆圈,如图 9.156 所示。

为了方便观察,将 Main Camera 中 Skybox 右边的勾取消掉,我们现在可以看到最终界面图如图 9.157 所示。

3. Script 编程及动画制作

该部分是整个 Unity 能成功运作的关键。首先,右键点击 Project 中的 Assets,选择"Import Package→Scripts",全选导入。然后,细分各个部位的作用,根据其作用效果考虑如何编写程序。

图 9.156

另外,在程序编写时,当程序出现错误我们可以看到 Console 窗口中会有一些黄色或者红色的警告,双击即可跳到错误位置。在程序调试的过程中我们也可以通过利用 print( ) 函数,将一些可能影响到函数运行的值在 Console 窗口中打印出来，方便程序调试。

图 9.157

第一步，考虑各个 GUI text 的属性。

由于天空的颜色是白色，然而各个 GUI text 的颜色也为白色，所以需要更改颜色。首先在 Assent 目录下新建一个 Scripts 文件夹专门存放 Script 文件，在该文件夹下单击右键"Create→Javascript"，如图 9.158 所示，建好后修改名称为 color，双击打开该文件，弹出一个编写软件，在该软件下就可以实现对程序的编写。

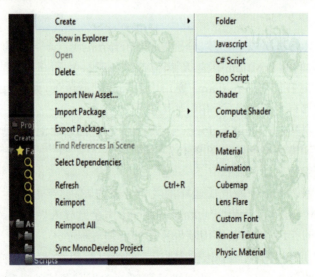

图 9.158

利用 guiText.material.color = Color.black 就可以将字体颜色变为黑色。程序编好后，点击 color 程序，将其拖到 GUI text 模型上，或者选中 GUI text，然后直接将 color 程序拖到右侧的 Inspector 窗口中。这时我们可以看到 GUI text 的属性栏中多出了一条属性，如图 9.159 所示，若此时运行游戏就可以在 Game 窗口中看到字体颜色都变成了黑色，如图 9.160 所示。

图 9.159　　　　　　　　　　　　图 9.160

Color.js 的代码如下：

guiText.material.color = Color.black;

如果拖拽时程序的对象弄错了，我们可以右键点击多出来的该条属性，选择 Remove Component，直接删掉该函数，如图 9.161 所示。点掉属性前面方框中的勾可以使该条属性失效，也能达到同样的效果。

图 9.161

其中有两个 GUI Text 需要显示等级和时间，所以需要编写 Script 程序。首先使用的是 Awake 函数，编写 guiText.text = ""+0，由于其类型为字符串，所以不能直接等于数字，需要如上处理。此外，还可以使用 guiText.material.color = Color.black 函数修改字体颜色，写好这段程序该操作就完成了，但是为了使得显示的时间、风力大小与之相关联，则需要在为旋钮编写的程序中，在需要显示的全局变量值下面添加一句 GameObject.Find("Level").guiText.text = ' '+levelcount，使得其显示值为风力大小、计时器与之类似，这个在后面讲解相应程序时会提到。其他 GUI text 的程序会在后面相应的部分进行详细介绍。

Level.js 和 time.js 的代码如下：

```
function Awake()
{
    guiText.text = ""+0;    //由于其类型为字符串,不能直接等于数字,
需要如上""处理
    guiText.material.color = Color.black;    //材质颜色变为黑色
}
```

第二步,摄像机的位置控制。

由于平台大小有限,其有可能运动到平台之外,所以得加入位置控制。新建一个名为 Position 的程序文件,双击打开该文件,将如下程序录入其中:

```
function Update()
{
    if((Mathf.Abs(transform.position.x)>18)||(Mathf.Abs(transform.position.z)>18)||(Mathf.Abs(transform.position.x)<1.6)&&(Mathf.Abs(transform.position.z)<1.6))
    {
        transform.position.x = -3;
        transform.position.z = 0;
    }
}
```

其中主要用到的函数是 transform.position.x,它表示该物体的实际坐标 X 的值,相应的 y、z 表示其坐标 Y、Z 的值。从程序中我们可以看到,一旦摄像头超出了允许范围,则立即回到起始点,以此保证摄像头在规定的范围内移动。其中 Mathf.Abs( ) 是对括号中的数取绝对值。程序编好后,点击 Position 程序,将其拖到 First Person Controller 模型上即可,此时该模型的移动范围就被限定了。

点击运行按钮进行调试,就会发现操作非常不灵便,我们希望摄像机能一直对着电风扇,于是我们需要对整个 First Person Controller 进行处理,首先选中 First Person Controller,将 Mouse Lock 属性去掉,然后展开 First Person Controller,选中 Main Camera,同样去掉 Mouse Lock 属性。这时候我们再次运行就会发现,移动鼠标摄像头就不会跟着移动了。

此外,我们不希望点击空格时发生跳动,这时需要展开 Character Motor 属

性，展开其中的 Jumping，将 Enabled 后面的钩去掉，如图 9.162 所示。再次运行就会发现按下空格后摄像头不会跳起了。

接下来我们需要在刚才的函数最前面加上 var lookAtTarget：Transform，然后在 Update 函数中加一句 transform.LookAt(lookAtTarget) 即可，利用 LookAt 函数使摄像头一直看向某物体。此时我们可以发现 First Person Controller 的 Position 属性中 Look At Target 为空，如图 9.164 所示，点击后面的小圆圈，调出选择窗口，选择风扇模型即可，如图 9.163 所示。

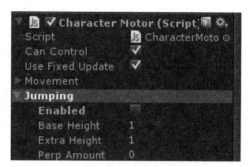

图 9.162

此时函数如图 9.165 所示，点击运行调试可以发现此时我们的摄像头一直对着电风扇。若效果不是十分理想，我们也可以将 Target 换为电风扇上的小部件，以达到更好的视觉效果，如图 9.166 所示。

图 9.163

图 9.164

```
var lookAtTarget : Transform;
function Update()
{
    transform.LookAt(lookAtTarget);

if((Mathf.Abs(transform.position.x)>18)||(M
athf.Abs(transform.position.z)>18)||(Mathf.
Abs(transform.position.x)<1.6)&&(Mathf.Abs
(transform.position.z)<1.6))
    {
        transform.position.x = -3;
        transform.position.z = 0;
    }
}
```

图 9.165

图 9.166

此外,为了方便操作控制,我们引入鼠标控制方法,其目的是鼠标左键拖动旋转视角观察,鼠标滑轮滚动放大缩小视角。这主要是利用 Input.GetAxis("Mouse X")函数检测鼠标的移动,当鼠标向左移动时该函数返回负值,于是我们就可以通过 transform.RotateAround(rotatepos.position,Vector3.down,T2)函数控制摄像头向右旋转,该函数的意思为该物体围绕物体 Rotatepos 的位置绕 Y 轴逆时针旋转,旋转速度为2,以此实现视角用鼠标左键控制。对于滚轮同样利用函数 Input.GetAxis("Mouse ScrollWheel")实现检测,向前为正,向后为负,然后利用函数 this.transform.Translate(Vector3.forward * Time.deltaTime * MoveSpeed)控制摄像头向前移动,将 forward 改为 back 即为向后移动。

完成程序后发现此时与上面的 Look At 函数一样,属性栏中又需要一个对应模型,我们也需要将一个物体拖到 Rotatepos 的属性框中,这次我们直接将整个风扇模型放到其中就好了,如图 9.167 所示。

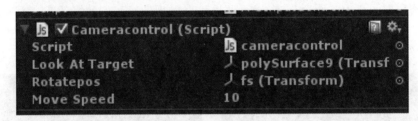

图 9.167

此时我们可以将程序名改为 cameracontrol 方便理解,更改程序名后,与之相关连的文件自动更改,所以不影响其他操作。

cameracontrol.js 的代码如下:

```
var lookAtTarget : Transform;   //定义 lookAtTarget 的属性为待定物体
var rotatepos : Transform;   //定义 rotatepos 的属性为待定物体
var MoveSpeed = 10;   //定义移动速度 MoveSpeed 为 10

function Update()
{
    transform.LookAt(lookAtTarget);   //该物体看向物体 lookAtTarget
```

```
        if((Mathf.Abs(transform.position.x)>18)||(Mathf.Abs(trans-
form.position.z)>18)||(Mathf.Abs(transform.position.x)<1.6)&&
(Mathf.Abs(transform.position.z)<1.6))    //限定该物体的位置
        {
            transform.position.x = -3;    //若超出限定位置,将其移动到
初始位置(-3,Y,0)处
            transform.position.z = 0;
        }

        if(Input.GetButton("Fire1"))    //若鼠标左键持续按下
        {
            if(Input.GetAxis("Mouse X")<0)    //鼠标向左移动
            transform.RotateAround(rotatepos.position,Vector3.down,
2);    //该物体围绕物体rotatepos所在的位置旋转,方向为绕y轴逆时针,旋转
速度为2
            if(Input.GetAxis("Mouse X")>0)    //鼠标向右移动
            transform.RotateAround(rotatepos.position,Vector3.up,2);
    //该物体围绕物体rotatepos所在的位置绕y轴顺时针旋转
        }
        if(Input.GetAxis("Mouse ScrollWheel")>0)    //如果鼠标滑轮向前
滚动
        {
            this.transform.Translate(Vector3.forward * Time.deltaTime
* MoveSpeed * 2);    //摄像机向前移动,由于滚轮移动较慢所以移动速度加快
一倍,方便观察
            this.transform.Translate(Vector3.up * Time.deltaTime *
MoveSpeed * 0.1);    //由于摄像机并不是面对正前方,而是略微偏下,所以需
要一个细微向上的移动调节,这个需要读者自己观察
        }
        if(Input.GetAxis("Mouse ScrollWheel")<0)    //如果鼠标滑轮向前
滚动
```

```
            this. transform. Translate(Vector3. back * Time. deltaTime *
MoveSpeed * 2);//摄像机向后移动
    }
```

第三步,旋钮的程序编写。

左侧的旋钮控制的是风扇的风力大小,其主要功能是当按键按下后,它可以立即旋转一定角度,当然,需要利用一个参数控制其最大旋转次数和最小旋转次数。同样先新建 Script 文件,将其命名为 leftknob。

首先利用 Input. GetKeyDown()函数确定某按键是否按下过,然后利用 this. transform. Rotate(Vector3. up * 15 * RotateSpeed)函数确定其旋转角度,其中 Vector3. up * 15 * RotateSpeed 为向上,即沿 Y 轴旋转一定角度,RotateSpeed 为自己设定好的旋转角度值,反向旋转只需在其前面加上负号即可,其中的数字可自己调节更改。最后设置一个全局变量 static var levelcount 记录风力等级,以便旋转动画时使用。上文中提到为了关联 GUI text 的显示,所以我们要在每个需要显示的数值后面加入一段上文提到的程序。程序编写好后,拖拽到目标模型上即可。

leftknob. js 的代码如下:

```
    var RotateSpeed = 400;    //定义旋转速度为整数且为 400
    var mouseon : int;    //定义 mouseon 为整数,记录鼠标是否位于物体上
    static var levelcount = 0;    //定义 levelcount 为全球变量方便其他程序调
用,且为整数初始为 0,用于记录风力等级

    function OnMouseEnter()    //当鼠标位于该物体上时,该函数触发
    {
        renderer. material. color = Color. red;    //该物体颜色变为红色
        mouseon = 1;    //鼠标位于物体上
        return mouseon;
    }

    function OnMouseExit()    //当鼠标不在该物体上时,该函数触发
    {
        renderer. material. color = Color. yellow;    //该物体颜色变为黄色
```

        mouseon=0；   //鼠标不在物体上
        return mouseon；
    }

    function Update()
    {
        if(mouseon && Input.GetButtonDown("Fire1") && levelcount<4 || Input.GetKeyDown("=") && levelcount<4)   //风力等级小于4,如果鼠标在物体上且点击鼠标左键或者按下=键
        {
            levelcount++；   //风力等级+1
            GameObject.Find("Level").guiText.text = '' + levelcount；   //Level 程序中的显示值为 levelcount
            this.transform.Rotate(Vector3.up * 15 * RotateSpeed)；   //该物体延 Y 轴顺时针旋转一定角度
        }
        if(mouseon && Input.GetButtonDown("Fire2") && levelcount>0 || Input.GetKeyDown("-") && levelcount>0)   //风力等级大于0,如果鼠标在物体上且点击鼠标右键或者按下-键
        {
            levelcount--；   //风力等级-1
            GameObject.Find("Level").guiText.text = '' + levelcount；   //Level 程序中的显示值为 levelcount
            this.transform.Rotate(Vector3.up * 15 * -RotateSpeed)；   //该物体沿 Y 轴逆时针旋转一定角度
        }
    }

对于右侧的时间调控略微有些麻烦,主要目的是,当按下某键时开始缓慢旋转,松开时旋转结束。当第一次按下逆向旋转的按钮时,立即旋转一个角度,进入不计时状态。当松开后,其就开始缓慢地逆向旋转回到初始位置,就跟现实中的电风扇计时一样的效果,当时间走到零时,旋钮也回到初始位置。

新建 js 文件并命名为 rightknob,然后编写程序,该程序主要利用的函数有:Input.GetKey()检测某按键是否按下,注意与上个函数的区别;接下来是旋转函数,与上面的类似,不过将其中的数值改为 Time.deltaTime,即 this.transform.Rotate(Vector3.up * Time.deltaTime * RotateSpeed),如此,其旋转时看上去就是连续旋转。此外该部分最重要的函数是 Vector3.Angle(transform.forward,Vector3.forward),其作用是检测该物体 Z 轴与实际坐标 Z 轴的夹角,利用该函数获得夹角,并将这个夹角赋值给计时器 timecount,将其设置为全球变量,方便动画制作时调用。同样,我们需要加入关联 GUI text 的程序。

值得一提的是,对于夹角获取函数,返回的是仅仅是夹角,时间设定的最大值却是 240,所以,需要用到 C 语言中的一些方法进行改动。由初始状态跳入不计时状态的方法与第一个旋钮类似。写好后拖拽到旋钮上即可。

rightknob.js 的代码如下:

```
var RotateSpeed = 40;    //定义旋转速度为整数且为 40
var mouseon : int;    //定义 mouseon 为整数,记录鼠标是否位于物体上
static var timecount = 0;    //定义 timecount 为全球变量方便其他程序调用,且为整数,初始为 0,用于记录时间
var tc = 0;    //tc、tn、tb 三个变量用于角度测量时算法利用,无实际意义
var tn = 0;
var tb = 0;

function OnMouseEnter()    //当鼠标位于该物体上时,该函数触发
{
    renderer.material.color = Color.red;    //该物体颜色变为红色
    mouseon = 1;    //鼠标位于物体上
    return mouseon;
}

function OnMouseExit()    //当鼠标不在该物体上时,该函数触发
{
    renderer.material.color = Color.yellow;    //该物体颜色变为黄色
    mouseon = 0;    //鼠标不在物体上
    return mouseon;
```

}

function Update()
{
　　if(mouseon && Input.GetButton("Fire1") && timecount<240 && timecount>-1|| Input.GetKey("]") && timecount<240 && timecount>-1)　//如果时间在0-240之间,若鼠标在旋钮上且持续按下鼠标左键,或者持续按下"]"键,旋钮顺时针旋转,松开按键即停止旋转
　　{
　　　　tc = timecount;
　　　　this.transform.Rotate(Vector3.up * Time.deltaTime * RotateSpeed);　//延Y轴顺时针随时间缓慢旋转
　　　　timecount = Vector3.Angle(transform.forward, Vector3.forward);　//获取物体Z轴与世界坐标Z轴的夹角,将其赋值给timecount
　　　　if(timecount - tc<0) timecount = 360 - timecount;　　//若角度逐渐减小,按新算法记录角度
　　　　tn = timecount;
　　　　GameObject.Find("Time").guiText.text = '' + timecount;　//Time程序中的显示值为timecount
　　}
　　if(mouseon && Input.GetButton("Fire2") && timecount>0 || Input.GetKey("[") && timecount>0)　//若计时器大于0,且鼠标在物体上且持续按下鼠标右键,或者持续按下[键,旋钮逆时针旋转,松开按键即停止旋转
　　{
　　　　tc = timecount;
　　　　this.transform.Rotate(Vector3.up * Time.deltaTime * -RotateSpeed);　//延Y轴逆时针随时间缓慢旋转
　　　　timecount = Vector3.Angle(transform.forward, Vector3.forward);　//获取物体Z轴与世界坐标Z轴的夹角,将其赋值给timecount
　　　　if(timecount - tc<0)　//利用新的算法记录角度,读者自己揣摩
　　　　{
　　　　　　timecount = 360 - timecount;

```
                tb = tn;
                tn = timecount;
                if(tn - tb＞0) timecount = 360 - timecount;
            }
                GameObject.Find("Time").guiText.text = '' + timecount;    //
Time 程序中的显示值为 timecount
            }
            if(mouseon && Input.GetButtonDown("Fire2") && timecount = = 0|
| Input.GetKeyDown("[") && timecount = = 0)   //若计时器本身为 0,则第
一次鼠标左键点击或者按下]键,直接逆时针旋转一定角度,计时器进入不计时
状态
            {
                this.transform.Rotate(Vector3.up * 100 * - RotateSpeed);
//立即逆时针旋转一定角度
                timecount = - 1;   //计时器进入不计时状态
                GameObject.Find("Time").guiText.text = '' + timecount;    //
Time 程序中的显示值为 timecount
            }
            if(mouseon && Input.GetButtonDown("Fire1") && timecount = =
- 1|| Input.GetKeyDown("]") && timecount = = - 1)   //若计时器本身为 - 1 即
不计时状态,则第一次鼠标右键点击或者按下[键,直接顺时针旋转一定角度
            {
                this.transform.Rotate(Vector3.up * 100 * RotateSpeed);   //
立即顺时针旋转一定角度
                timecount = 0;   //计时器进入计时状态
                GameObject.Find("Time").guiText.text = '' + timecount;    //
Time 程序中的显示值为 timecount
            }
        }
```

为了使程序简洁,我们需要重新建立一个 Script 文件编写倒退旋转的程序,将其命名为 clock,由于在这个程序中要调用另外一个文件的全局变量,方法是使用

需要调用的文件名.timecount，编写一个名为 sub 的函数使其不断减小，并利用旋转函数不断逆时针旋转，在主函数中使用 InvokeRepeating("sub",0,0.5)函数，其作用是，从 0 时刻起，每隔 0.5 秒运行一次 sub 函数（注：此处实际数值应该 60，为方便演示效果故将时间调小）。程序编写好后拖拽到旋钮上。如此可做到不断的时间回退的效果。

程序完成后我们可以开始游戏查看运行结果。此时我们可以看到右上角的 GUI text 已经完全符合我们的需求了，如图 9.168 所示。

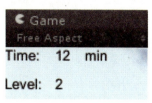

图 9.168

clock.js 的代码如下（该段程序可与 rightknob.js 合并）：

```
function Start()
{
    InvokeRepeating("sub",0,0.5);   //从 0 时刻起每隔 0.5s 运行一次 sub 函数
}

var pal=0;   //用于记录当前旋转角度，用于与显示角度对比，控制旋钮旋转

function sub()
{
    if(rightknob.timecount＞0)   //若计时器值大于 0,则开始逆时针旋转
    {
        rightknob.timecount = rightknob.timecount-1;   //旋转一次计时器时间减一
        GameObject.Find("Time").guiText.text = ''+rightknob.timecount;   //同时修改显示的计时时间
        pal = Vector3.Angle(transform.forward, Vector3.forward);   //记录当前角度
        if(Mathf.Abs(pal-rightknob.timecount)＞2&&pal!=0||Mathf.Abs((360-pal)-rightknob.timecount)＞2&&pal!=0)   //若当前角度与显示角度存在较大角度误差，则逆时针旋转
```

```
            {
                    this.transform.Rotate(Vector3.up * Time.deltaTime * -50);    //随时间逆时针旋转
            }
        }
}
```

第四步,摇头控制杆的程序。

该部分的主要思想是,当按下某键时,控制杆下降,再次按下该键,控制杆上升。新建文件并将其命名为ytbutton,该程序用到的函数有以下几种:其中检测按键是否按下,使用的函数为Input.GetKeyDown(KeyCode.L),控制移动的函数为this.transform.Translate(Vector3.down * 0.005 * MoveSpeed),MoveSpeed为移动速度,调节其大小或者修改时间数值控制移动距离,在其前面加上负号即可反方向移动。

利用摄像机控制中的直接的位置控制函数可以更方便地实现控制,然而需要注意的是,该方法控制的坐标是局部坐标,需要与实际坐标相结合才能准确地将物体移到正确的位置上。最后对比效果如图9.169和图9.170所示。利用C语言知识达到其控制效果,设置全球变量static var yt记录其是否按下,以便制作动画时使用。同样,需要将写好的程序拖入物体。

图9.169　　　　　　　　　　　图9.170

ytbutton.js的代码如下:

```
var MoveSpeed = 20;    //定义移动速度MoveSpeed为20
var mouseon : int;    //定义mouseon为整数,记录鼠标是否位于物体上
```

```
static var yt = 0;   //定义 yt 为全球变量方便其他程序调用,且为整数初始
为 0,用于记录是否摇头

function OnMouseEnter()   //当鼠标位于该物体上时,该函数触发
{
    renderer.material.color = Color.red;   //该物体颜色变为红色
    mouseon = 1;   //鼠标位于物体上
    return mouseon;
}

function OnMouseExit()   //当鼠标不在该物体上时,该函数触发
{
    renderer.material.color = Color.green;   //该物体颜色变为绿色
    mouseon = 0;   //鼠标不在物体上
    return mouseon;
}

function Update()
{
    if(mouseon && Input.GetButtonDown("Fire1") || Input.Get-
KeyDown(KeyCode.L))   //若鼠标左键对其点击,或者按下"L"键,摇头按钮
动作
    {
        if(yt == 0)   //如果当前没摇头,则摇头按钮按下,并摇头
        {
            this.transform.Translate(Vector3.down * 0.005 * MoveSpeed);//摇头按钮向下移动一段距离
            //transform.position.y = 2.61;
        }
        else   //如果当前摇头,则摇头按钮弹起,停止摇头
        {
```

```
                         this.transform.Translate(Vector3.down * 0.005 * -Move
Speed);       //摇头按钮向上移动一段距离
                         //transform.position.y = 2.68;
              }
                         yt=(yt+1)%2;      //利用函数使摇头控制信号始终在0和1之间
转换
              }
     }
```

第五步,风扇俯仰角度按钮及调节程序。

对于按钮控制,利用 Input.GetKey(KeyCode.I)函数检测按键或鼠标是否持续按下,若是,则按钮下移一段距离,若按键或鼠标松开则弹回原位。控制方法为直接利用 transform.position.y 赋值定位,定位时注意其使用的是实际坐标,所以写好代码后将其移动到物体上,运行后需要结合到 Inspector 中的坐标属性,观察坐标变化调节对应的控制值。按钮的控制方法无非就是用 if 语句控制,上下移动方法与上面的控制方法相同,利用全局变量记录按键是否按下。其对应程序为 up-button.js 和 downbutton.js。效果对比图如图 9.171 和图 9.172 所示。

图 9.171

图 9.172

upbutton.js 和 downbutton.js 的代码如下(两者基本一样,只需更改全局变量名称(ubutton/dbutton)以及按键名称(I/O)即可):

```
    var mouseon : int;    //定义 mouseon 为整数,记录鼠标是否位于物体上
    static var ubutton=0;    //定义 ubutton 为全球变量方便其他程序调用,且
为整数,初始为0,用于记录是否按下该键

    function OnMouseEnter()    //当鼠标位于该物体上时,该函数触发
    {
        renderer.material.color = Color.red;    //该物体颜色变为红色
```

```
        mouseon = 1;    //鼠标位于物体上
        return mouseon;
}

function OnMouseExit()    //当鼠标不在该物体上时,该函数触发
{
        renderer.material.color = Color.yellow;    //该物体颜色变为黄色
        mouseon = 0;    //鼠标不在物体上
        return mouseon;
}

function Update()
{
        if( mouseon && Input.GetButton("Fire1") || Input.GetKey(KeyCode.I))    //当鼠标在上面且持续按下鼠标左键时或者持续按下"I"键时,该物体下移,否则回到原位
        {
                transform.position.y = 0.49;
                ubutton = 1;    //该键按下
        }
        else
        {
                transform.position.y = 0.517;
                ubutton = 0;    //该键未按下
        }
}
```

对于俯仰调节部分的制作思想与按钮相同,首先利用 if 语句检测全局变量,确定按键是否按下,若按下则使用如下函数控制其旋转:this.transform.Rotate(Vector3.forward * Time.deltaTime * RotateSpeed)。最后利用以下函数确定旋转角度:Vector3.Angle(transform.up,Vector3.up),与时间控制按钮类似,也应使用 C 语言方法控制其最大旋转角度。

我们已经在 Maya 中将整个模型编成了四个组，导入到 Unity 中分组依然存在，对于俯仰控制的是 group2 的所有物体，所以将编写好的 updown.js 程序拖到 group2 上即可，做好之后，可以点击开始到 Game 窗口进行调试。最后效果对比如图 9.173、图 9.174 和图 9.175 所示。

图 9.173

图 9.174

图 9.175

updown.js 的代码如下：

```
    var RotateSpeed = 40;   //定义旋转速度为整数且为 40
    var dcount = 0;   //用于记录当前角度
    var dc = 0;   //用于辅助记录角度，具体 C 语言算法读者自己体会

    function Update()
    {
        if(upbutton.ubutton && dcount<15)   //若向上旋转按钮按下且当前角度小于 15 度，则可以继续向上旋转
        {
            dc = dcount;
            this.transform.Rotate(Vector3.forward * Time.deltaTime * -RotateSpeed);   //延 Z 轴逆时针旋转，即视觉的向上旋转
```

```
            dcount = Vector3.Angle(transform.up, Vector3.up);    //记
录当前值
            if(dcount - dc<0) dcount = - dcount;
        }
        if( downbutton.dbutton && dcount>-15 )    //若向下旋转按钮按下
且当前角度大于-15度,则可以继续向下旋转
        {
            dc = dcount;
            this.transform.Rotate(Vector3.forward * Time.deltaTime *
RotateSpeed);    //延Z轴顺时针旋转,即视觉的向下旋转
            dcount = Vector3.Angle(transform.up, Vector3.up);    //记
录当前值
            if(dcount - dc>0) dcount = - dcount;
        }
    }
```

第六步,扇叶颜色控制按钮及其效果程序。

对于按钮部分与上面相同,利用Input.GetKeyDown( )函数检测按键是否按下,若是,则按钮下移一段距离,否则弹回原位。此外,还需要一个全球变量cbutton用于联系颜色控制代码。该部分对应控制代码为colorbutton.js。

colorbutton.js的代码如下:

```
    var mouseon : int;    //定义mouseon为整数,记录鼠标是否位于物体上
    static var cbutton=0;    //定义cbutton为全球变量方便其他程序调用,且
为整数初始为0,用于记录是否按下该键

    function OnMouseEnter()    //当鼠标位于该物体上时,该函数触发
    {
        renderer.material.color = Color.red;    //该物体颜色变为红色
        mouseon=1;    //鼠标位于物体上
        return mouseon;
    }
```

```
function OnMouseExit()    //当鼠标不在该物体上时,该函数触发
{
    renderer.material.color = Color.white;    //该物体颜色变为白色
    mouseon=0;    //鼠标不在物体上
    return mouseon;
}

function Update()
{
    if(mouseon && Input.GetButtonDown("Fire1") || Input.Get-
KeyDown(KeyCode.P))    //当鼠标在上面且按下鼠标左键时或者按下 P 键
时,该物体下移,否则回到原位
    {
        transform.position.y = 0.54;
        cbutton=1;    //该键按下
    }
    else
    {
        transform.position.y = 0.575;
        cbutton=0;    //该键未按下
    }
}
```

其次是 GUI 图形按钮的编程,其思想是当鼠标点击该颜色的图标后,图标旁边的圆圈变为红色,表示选中,此时相对应的电风扇扇叶颜色也变为该图标的颜色。这主要利用的是全球变量相互关联,需要联合颜色控制程序进行综合分析。利用 h0.js～h5.js 控制,它们的程序基本相同。

h0.js～h5.js 的代码如下(只需更改 h0～h5,Text10～Text15 以及 colorcontrol.col 的值为 0～5 变换):

```
var mouseon : int;    //定义 mouseon 为整数,记录鼠标是否位于物体上
static var h0=0;    //定义全球变量 h0,用于记录该颜色图标是否被触发
```

```
function OnMouseEnter()    //当鼠标位于该物体上时,该函数触发
{
    mouseon = 1;    //鼠标位于物体上
    return mouseon;
}
function OnMouseExit()    //当鼠标不在该物体上时,该函数触发
{
    mouseon = 0;    //鼠标不在物体上
    return mouseon;
}
function Update ()
{
    if(mouseon && Input.GetButtonDown("Fire1"))    //鼠标在物体上,且点击鼠标左键
        h0 = 1;    //该颜色图标被触发
    else
        h0 = 0;
    if(colorcontrol.col = = 0)    //若此时颜色控制中的变量为0,则改变Text10 的字体颜色
        GameObject.Find("Text10").guiText.material.color = Color.red;    //改变物体 Text10 的字体材质颜色为红色
    else
        GameObject.Find("Text10").guiText.material.color = Color.white;    //改变物体 Text10 的字体材质颜色为白色
}
```

对于颜色的控制,首先利用 if 语句检测 GUI 图标传过来的全局变量,对应的利用 renderer.material.color = Color.[颜色名]函数修改颜色,然后利用另一个 if 语句检测全局变量 cbutton,若按键按下则修改物体颜色,再利用 C 语言实现多种颜色的转换和循环,最后再将颜色变量赋值给全球变量 col 以此实现 GUI 按钮的综合控制。最后将程序(colorcontrol.js)分别拖拽到各个扇叶,以及需要变换颜色的模块上。最后效果如图 9.176 所示。

图 9.176

colorcontrol.js 的代码如下:

```
var i=0;           //定义颜色控制变量
static var col:int;   //定义col为全球变量,用于记录颜色控制变量

function Update()
{
    if(h0.h0||h1.h1||h2.h2||h3.h3||h4.h4||h5.h5)   //若颜色图标被触发,则对应的物体更改为相应的颜色,并修改颜色控制变量
    {
        if(h0.h0) {renderer.material.color = Color.blue; i=0;}     //蓝色
        else if(h1.h1) {renderer.material.color = Color.green; i=1;}  //绿色
        else if(h2.h2) {renderer.material.color = Color.yellow; i=2;}
        else if(h3.h3) {renderer.material.color = Color.red; i=3;}
        else if(h4.h4) {renderer.material.color = Color.white; i=4;}
        else if(h5.h5) {renderer.material.color = Color.black; i=5;}
```

```
        }
            if(colorbutton.cbutton)    //若按键按下,则修改颜色变量,改变颜色
            {
                i++;
                i=i%6;

                if(i==0) renderer.material.color = Color.blue;      //蓝色
                else if(i==1) renderer.material.color = Color.green;   //绿色
                else if(i==2) renderer.material.color = Color.yellow;
                else if(i==3) renderer.material.color = Color.red;
                else if(i==4) renderer.material.color = Color.white;
                else if(i==5) renderer.material.color = Color.black;
            }
            col=i;   //将颜色变量赋值给全球变量col,方便其他地方引用
        }
```

第七步,电源开关控制。

首先是电源开关的 GUI 按钮控制部分,这一部分跟上面的方法完全相同,都是利用全球变量和实际按钮相互关联控制,思想是当鼠标点击 ON/OFF 按钮时,该按钮颜色变为红色,且利用全局变量 pon/poff 传输给开关,使开关发生相应的操作。

ON.js 与 OFF.js 的代码如下(两者基本一样,只需修改 pon/poff,以及 if 语句中 power 的条件):

```
    var mouseon : int;     //定义 mouseon 为整数,记录鼠标是否位于物体上
    static var pon=0;      //定义 poff 为全球变量,用于记录 ON 按钮是否触发

    function OnMouseEnter()    //当鼠标位于该物体上时,该函数触发
    {
        mouseon=1;    //鼠标位于物体上
        return mouseon;
    }
```

```
function OnMouseExit()    //当鼠标不在该物体上时,该函数触发
{
    mouseon = 0;    //鼠标不在物体上
    return mouseon;
}

function Update()
{
    if(mouseon && Input.GetButtonDown("Fire1"))    //鼠标在物体上,且点击鼠标左键
        pon = 1;    //该按钮被触发
    else
        pon = 0;
    if(power.power)
        guiText.material.color = Color.red;    //该物体颜色变为红色
    else
        guiText.material.color = Color.white;    //该物体颜色变为白色
}
```

然后就是实体按钮的编程,这个也与上面的例子类似,都是利用 transform.position.x 函数定位控制。与上面的存在一定区别的是,在位置调节时由于模块所在的位置是一个斜面,所以需要两个坐标才能准确定位。因为需要利用到 GUI 按钮关联控制,以及下面涉及的电源控制灯和旋转动画,所以还需要建立全球变量 power,联合 GUI 控制代码的全球变量联合控制。

power.js 的代码如下:

```
var mouseon : int;    //定义 mouseon 为整数,记录鼠标是否位于物体上
static var power = 0;    //定义 power 为全球变量方便其他程序调用,且为整数初始为 0,用于记录电源是否接通

function OnMouseEnter()    //当鼠标位于该物体上时,该函数触发
{
```

```
        renderer.material.color = Color.green;   //该物体颜色变为绿色
        mouseon=1;     //鼠标位于物体上
        return mouseon;
    }

    function OnMouseExit()    //当鼠标不在该物体上时,该函数触发
    {
        renderer.material.color = Color.red;   //该物体颜色变为红色
        mouseon=0;     //鼠标不在物体上
        return mouseon;
    }
    function Update()
    {
        if( mouseon && Input.GetButtonDown("Fire1") || Input.GetKeyDown(KeyCode.Space))   //若鼠标左键对其点击,或者按下空格键,按钮移动
        {
            if(power==0)     //如果电源未接通,则电源按钮按下
            {
                transform.position.x = -0.648;
                transform.position.y = 0.332;
            }
            else    //如果电源已经接通,则电源按钮弹起
            {
                transform.position.x = -0.674;
                transform.position.y = 0.35;
            }
            power=(power+1)%2;   //利用函数使电源控制信号始终在0和1之间转换
        }
        if(ON.pon)   //如果GUI ON按钮触发,则电源按钮按下,且电源信号变为1
```

```
        {
            transform.position.x = -0.648;
            transform.position.y = 0.332;
            power=1;
        }
        if(OFF.poff)   //如果 GUI OFF 按钮触发,则电源按钮弹起,且电源信号变为 0
        {
            transform.position.x = -0.674;
            transform.position.y = 0.35;
            power=0;
        }
    }
```

第八步,电源控制灯的代码编写。这个比较简单,直接利用 if 语句判断全球变量 power,然后再根据全球变量 power 的值改变物体的颜色即可。最后效果如下:
powerlight.js 的代码如下:

```
function Update()
{
    if(power.power)   //如果电源打开,则物体颜色变为红色
        renderer.material.color = Color.red;   //该物体颜色变为红色
    else
        renderer.material.color = Color.white;   //该物体颜色变为白色
}
```

第 10 步,声音的导入以及程序控制。

首先在 Project 窗口 Assets 文件下新建一个 Audios 文件夹,然后将已有的音频文件直接拖拽进入该文件夹,音频文件的格式最好是 mp3 或者 wma 格式,只要是 Unity 支持的格式都可以。经过一段时间的录入,然后点击音频文件,我们可以看到,右侧的 Inspector 窗口中已经有了音频的属性,最下面是音频的声波图,如图 9.177 所示。这些我们都可以暂时忽略。

此时我们需要确保声音从扇叶上面发出,于是我们直接将音频文件拖拽到 group4 上即可。此时点击 group4,在 Inspector 窗口中可以看到其最后多出了一

个 Audio Source 的属性,将 Play On Awake 和 Loop 打上钩即可,如图 9.178 所示,它们分别代表程序运行即开始播放和循环播放,其中 Volume 为音量,值在 0～1 之间,我们程序需要控制的就是 Volume 的值。

图 9.177

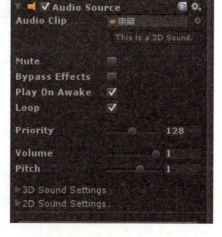

图 9.178

控制程序只需要在扇叶控制程序的 Update 函数中加入 audio.volume＝xz ＊ leftknob.levelcount ＊ 0.25 即可,音量大小是风力等级的 0.25 倍,声音会随着风力等级变大而变大。而且只会在扇叶旋转时才发出声音。基本实现了其发声的控制。具体程序将在下面的讲解中给出。

第 11 步,扇叶旋转动画的制作及编程。

扇叶部分为编组中的 group4 部分,首先在 Hierarchy 中展开 fs 文件,选中 group4,点击"Window→Animation",如图 9.179 所示。调出动画制作窗口,在 Assets 下创建 Animation 文件夹存放动画文件,选中 group4 后点击 Animation 窗口中的红色小圆点,如图 9.180 所示。跳出对话框,如图 9.181 所示,选择"Add component",选择 Animation 文件夹,在其中新建一个名为 xuanzhuan 的 Animation 文件。此外也可以直接在 Project 中 Animation 文件夹下右键"Create→Animation",如此便需要将新建好的文件拖到 group 上才能操作。

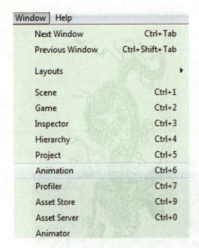

图 9.179

图 9.180

图 9.181

  点击 Animation 窗口中的红色按钮新建 Animation,此时窗口中右侧就出现了时间帧,在开始位置设置 Rotation.x 的值为 0,右键点击在窗口左侧 Rotation.y 后面的横线选择 Add key,如图 9.182 所示。此时横线变为了菱形彩色图标,将帧在一个比较短的时间范围内向后移动,例如 10 帧,修改其值为 -360,此时自动增加了关键帧,修改窗口左下角的播放模式为 Loop,如图 9.183 所示,设置好后保存重命名为 xuanzhuan。

  对于 Animation 窗口,如图 9.183 所示,利用中间红框的数值可以准确定位帧,点击右侧滑轮的上下两端可以对整个节点运动图进行缩放。当设计完成后点击右侧运行按钮,可以在 Scene 中看到运行效果。

  对于程序的编写,思想为风力控制器不为零,并且计时器也不为零时扇叶转动,并且转动速度由风力等级控制。主要函数 animation.Play("xuanzhuan")用于播放动画,速度控制为 animation["xuanzhuan"].speed = mouse1.levelcount * 0.3,后面的数值主要是根据在调试的时候观察的效果来修改的,主要是视觉因素,当旋转很快时反而看到的效果很慢,所以加上一个系数调节,在旋转函数前加 if 语句对其进行限定,只有当电源打开,有风力等级且计时器不为零时才能旋转。编写好程序 shanye.js 后移动到 group4 上,点击开始进入 Game 窗口调试。

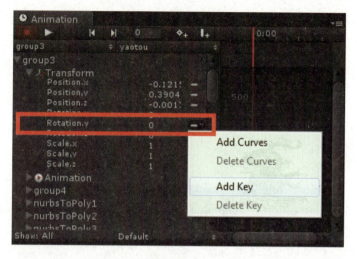

图 9.182

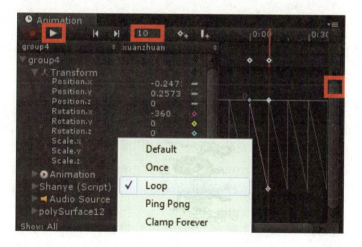

图 9.183

shanye.js 的代码如下：

```
    static var xz=0；  //定义 xz 为全球变量方便其他程序调用,且为整数初始
为 0,用于记录风扇是否旋转

    function Update()
    {
        audio.volume = xz * leftknob.levelcount * 0.25；  //播放声音音量
为风力等级的 0.25 倍

        animation["xuanzhuan"].layer=1；  //旋转动画的层级为 1,无实际
意义此句可以省略
        if(leftknob.levelcount && rightknob.timecount && power.power)
//若电源接通,风力等级不为零,且计时器不为 0,则旋转
        {
            animation.Play("xuanzhuan")；  //播放旋转动画
            animation["xuanzhuan"].speed = leftknob.levelcount * 0.3；
//旋转速度为风力等级的 0.3 倍
            xz=1；  //风扇处于旋转状态
        }
        else
        {
            animation.Stop("xuanzhuan")；  //停止播放旋转动画
            xz=0；  //风扇处于静止状态
        }
    }
```

第十一步,摇头动画制作及编程。

摇头的部分是编组中的 group3 部分,选中 group3 后点击 Animation 窗口中的红色小圆点,跳出对话框,选择 Add component,再选择 Animation 文件夹,在其中新建一个名为 yaotou 的 Animation 文件。

创建好 Animation 文件之后点击红色按钮,调出时间帧,在开始位置设置好 Rotation.y 的值为 0,右键点击在窗口左侧 Rotation.y 后面的横线选择 Add key,如图 9.184 所示。然后移动帧到适当的位置,调节 Rotation.y 值为 -45,再移动

到合适的时间修改值为 45,最后再次调节为 0,使其类似于正弦,最后修改窗口左下角的播放模式为 Loop,如图 9.185 所示。设置好后保存并重命名为 yaotou。

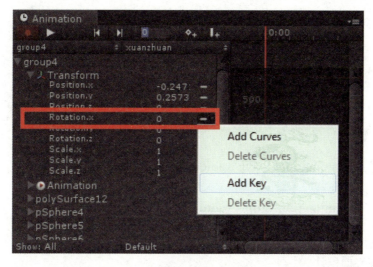

图 9.184

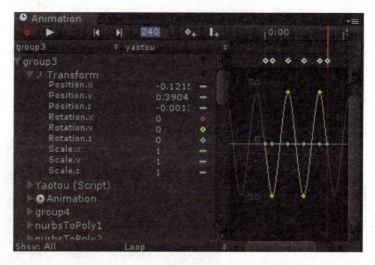

图 9.185

接下来是摇头程序的编写,思想是当电风扇旋转并且摇头控制杆被按下时才会旋转。这需要上文中提到的全局变量的引用,通过 if 语句判断,并通过 animation.Play("yaotou")以及 animation.Stop("yaotou")控制动画的播放与停止。

同样编写好程序 yaotou.js 后移动到 group3 上。

yaotou.js 的代码如下：

```
function Update()
{
    animation["yaotou"].layer = 1;    //摇头动画的层级为 1，无实际意义，此句可以省略
    if(ytbutton.yt = = 1&& shanye.xz = = 1)    //当摇头控制开关按下且电扇开始旋转后，开始摇头
    {
        animation.Play("yaotou");    //播放摇头动画
    }
    else animation.Stop("yaotou");    //停止播放摇头动画
}
```

4. 主界面设计

经过上面的处理整个人机交互基本上已经做好了，但是具体的操作键位只有自己知道，或者通过查看源代码才能清楚，这时需要一个主界面显示其操作方法，其方法如下：

先选择"File→New Scene"新建一个场景，如图 9.186 所示，并将其命名为 start，保存。再选择"GameObject→Create Other→Cube"新建一个正方体，修改参数使其扁平类似于墙面，移动 Main Camera，使其从 Game 中看上去正对着墙面，如图 9.187 所示。

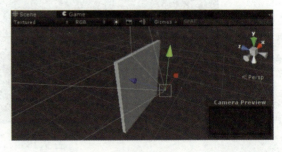

图 9.186　　　　　　　　　　图 9.187

点击"GameObject→Create Other→Directional Light"添加平行光源，并摆放在合适位置。添加 3D Text 文本，修改其内容为操作介绍，缩放移动到墙面，使

得摄像头能将其全部显示,可多次添加。最后全部文字添加完成后效果如图9.188所示。

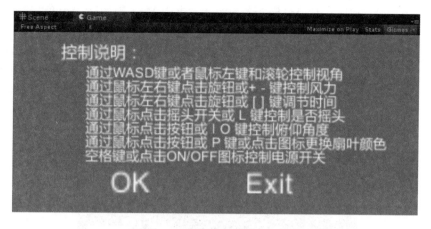

图 9.188

对于选项的设置,新建 3D Text,修改内容为 OK,然后选中该文本点击"Component→Physics→Box Collider",如图 9.189 所示,将其修改为模型文件。然后再对其进行 Script 编程处理。在这之前,点击"File→Build Settings",如图 9.190 所示,打开该窗口,在 Project 中找到保存的两个 Scene 文件,将其拖入该窗口中,如图 9.191 所示,这时记下后面显示的数字,也可以拖动调节顺序。此时 start 为 0,main 为 1。关闭该窗口,然后再进行 Script 程序的编写,通过 OnMouseEnter()以及

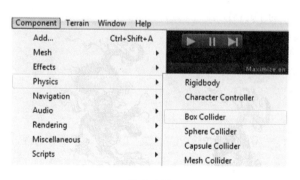

图 9.189　　　　　　　　　　图 9.190

OnMouseExit()判断鼠标是否在上面,然后通过 renderer.material.color = Color.颜色名"修改颜色,通过 OnMouseUp()函数检测鼠标是否按下,若按下则使用 Application.LoadLevel(1)跳转到操作场景,对于 Exit 则通过 Application.Quit()跳出程序。值得一提的是,OK 和 Exit 两个按钮一定不能放到墙里面去了,否则程序无法运行,应与墙保持一定距离。

图 9.191

OK.js 的代码如下:

```
    function OnMouseEnter()    //该函数用于检测鼠标是否在物体上,在则执行函数
    {
        renderer.material.color = Color.red;    //鼠标在物体上,物体颜色变成红色
    }
```

```
function OnMouseExit()    //该函数用于检测鼠标是否在物体上,不在则执行函数
{
    renderer.material.color = Color.white;    //鼠标不在物体上,物体颜色变成白色
}


function OnMouseUp()    //该函数用于检测鼠标是否点击该物体,若点击,则执行该函数
{
    Application.LoadLevel(1);    //跳至场景1,即操作场景
}
```

Exit.js 的代码如下:

```
function OnMouseEnter()    //该函数用于检测鼠标是否在物体上,在则执行函数
{
    renderer.material.color = Color.red;    //鼠标在物体上,物体颜色变成红色
}


function OnMouseExit()    //该函数用于检测鼠标是否在物体上,不在则执行函数
{
    renderer.material.color = Color.white;    //鼠标不在物体上,物体颜色变成白色
}


function OnMouseUp()    //该函数用于检测鼠标是否点击该物体,若点击,则执行该函数
{
```

```
        Application.Quit();    //结束程序
    }
```

为了相互关联,我们需要在操作场景中添加返回主界面的按钮。保存好当前场景,打开 Main 操作场景,这个时候我们就用到了以前做的一个名为 Help 的 GUI Text,用与上面相同的方式修改颜色,当鼠标点击时利用 Application.LoadLevel(0)跳转到主界面。最后再在操作界面右下角添加一个 Exit 的 GUI Text,并将 Exit1.js 程序拖拽在上面。由此做到整个程序的完备。

Help.js 的代码如下(Exit1.js 的代码只需将 Help.js 的代码中的 OnMouseUp()函数改为 Application.Quit()即可):

```
    guiText.material.color = Color.red;    //物体颜色变成红色

    function OnMouseEnter()    //该函数用于检测鼠标是否在物体上,在则执行函数
    {
        guiText.material.color = Color.green;    //鼠标在物体上,物体颜色变成绿色
    }

    function OnMouseExit()    //该函数用于检测鼠标是否在物体上,不在则执行函数
    {
        guiText.material.color = Color.red;    //鼠标不在物体上,物体颜色变成红色
    }

    function OnMouseUp()    //该函数用于检测鼠标是否点击该物体,若点击,则执行该函数
    {
        Application.LoadLevel(0);    //跳至场景0,即主界面
    }
```

最后的效果图如图 9.192 所示。

图 9.192

5. 工程导出

经过上面的几个步骤，整个 Unity 的人机交互制作就已经基本完成了，最后需要做的就是整个模型导出，使得整个工程能在电脑上运行。点击"File→Build Settings"，弹出如图 9.193 所示的窗口，选择 Web Player 点击 Build，导出一个.unity3d 文件以及一个网页文件，点击网页文件即可在网页中运行。另外还可以选择 PC 再导出，生成一个文件夹和一个 exe 文件，点击 exe 文件即可运行。

9.2.3 整个工程的说明

整个工程是一个传统座扇的操作演示，进入主界面后，看到控制说明，点击 OK 进入操作界面，可通过"W""A""S""D"键，或者上、下、左、右键，或者直接通过鼠标

图 9.193

左键和滑轮控制视角,通过点击旋钮或者"＋""－"键可控制风力,通过点击旋钮或者"[、]"键调节时间,通过点击摇头控制杆或"L"键控制是否摇头,通过点击按钮或者"I""O"键控制俯仰角度,通过点击按钮、"P"键或者点击左侧颜色图标更换风扇扇叶颜色,另外通过空格键控制电源开关,也可以直接点击顶部的图标按钮,在电源没打开之前电扇是不会旋转的。为了方便演示,计时器时间设置为秒,在操作界面点击右下角的 Help 按钮即可进入主界面,在主界面点击 Exit 退出。

第 10 章 增 强 现 实

10.1 增强现实简介

10.1.1 定义

增强现实(Augmented Reality,简称 AR),也称为扩增现实技术,发源于虚拟现实(Virtual Reality)技术。增强现实技术是近年来兴起的热门技术之一,受到国内外众多研究者的广泛关注。1997 年,Ronald Azuma[1]对增强现实技术提出了一个广泛的定义,他认为增强现实技术是指将真实环境和虚拟环境准确注册到三维环境,使虚拟与现实相融合,实现实时交互的一种技术。Milgram 在后续的研究中对增强现实重新进行了定义,他认为增强现实技术是一个从真实到虚拟环境的连续统一体[2](图 10.1)。增强现实靠近真实世界的一端,用计算机生成的数据可以增强真实环境,加强用户对环境的理解。

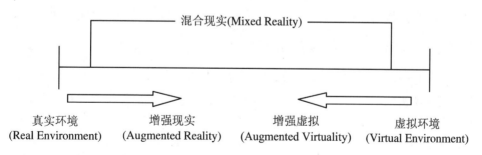

图 10.1 真实到虚拟的统一体

根据相关文献检索和实践,笔者认为增强现实是虚拟现实技术的延伸,是通过电脑技术,将虚拟的信息应用到真实的世界,真实的环境和虚拟的物体实时地叠加到同一个画面或同一空间的一种技术,该技术对真实世界起到扩张和补充的作用(而不是完全替代真实世界),从而加强用户对现实世界的认知感。

10.1.2 三个特点

根据 HRL 实验室的 Ronald Azuma 对增强现实的定义,增强现实技术具有虚实结合、三维沉浸、实时交互的重要特点。

1. 虚实结合

增强现实强调虚实结合,将虚拟的物体叠加或合成到真实世界中。它允许学习者看见虚拟和现实融合的世界,增强现实是强化真实而不是完全替代它。因此,通过真实环境与虚拟环境的融合,用户可以更方便地对内容进行细致的观察,探索其奥秘,实现虚实结合的最大效果。

2. 三维沉浸

三维沉浸即根据学习者通过在三维空间的运动来调整计算机所产生的增强信息。增强现实技术给用户构建出"真实感"的体验环境,让用户沉浸在其中的认知体验与在真实物理世界的认知体验相似或者相同。这种"真实感"的体验为用户构建了"真实"的环境,让用户更易融入虚实结合的环境,实现三维沉浸。

3. 实时交互

增强现实技术利用已有的真实世界环境与虚拟场景进行完美融合,为用户提供一种"真实感"的复合视觉效果场景。场景随着用户周围真实世界的改变而变化,使这种复合视觉效果变得更为真实,虚拟物体还可以与用户和真实物体以一种自然的方式进行互动。在使用增强现实技术过程中,用户可以通过实时操作交互、多感官输入信息的认知交互、全身心体验的情感交融,在认知体验和知识获取及互动方面享受独特的优势,从而使用户获取多种认知体验,从多角度获取知识。

10.1.3 增强现实与虚拟现实的区别

在增强现实研究初期阶段,增强现实技术被视为虚拟现实的一个分支存在,但随着增强现实技术的探索深入,研究者发现增强现实与虚拟现实虽然有一些相似,但是本质却不尽相同。虚拟现实技术让用户与虚拟的物体进行交互,用户接触的所有环节都是计算机通过一定的程序生成的虚拟场景,用户的感觉完全是基于虚拟场景产生的。而增强现实技术是通过电脑技术,将虚拟的信息应用到真实的世界,使真实的环境和虚拟的物体实时地叠加到同一个画面或同一空间的一种技术。

该技术是在用户接触的真实环境基础上叠加一些虚拟场景,建构了一个虚实结合、三维沉浸的新环境,使得用户仍然保持对真实场景的感知。

与此同时,虚拟现实和增强现实沉浸感偏向的对象也不同,由图 10.1 可以看出,增强现实偏向于真实世界,而虚拟现实则完全处于虚拟状态,由此导致两者的注册完全不同。虚拟现实系统的注册是指呈现给用户的虚拟环境与用户的各种感官匹配;而增强现实系统的注册主要是指将计算机产生的虚拟物体与用户周围的真实环境全方位对准。虚拟现实要求系统能够产生与用户运动状态和姿态相匹配的虚拟图像输出,即虚拟图像与用户运动状态及姿态保持同步。由于虚拟现实图像与用户感官并没有必然联系,两者之间的协调是由传感器来完成的,注册误差在用户看来就是视觉系统与运动系统之间的不一致性。心理学研究表明,往往是视觉占了其他感觉的上风,用户在一段时间适应后可以克服这种差异带来的不适应。虚拟现实的注册精度因而可以适当放宽。而增强现实则要求系统根据人头部位置和指向(根据系统显示方式的不同,也可能是根据实际环境中注册标记的位置的角度)确定所要添加的虚拟信息在真实环境坐标中的映射位置,从而产生与真实环境相匹配的虚拟信息输出,其注册错误出现在用户融合两个通道的信息时的视觉误差。由于人眼的敏感性,即使是一个像素的误差也会被用户察觉,因此增强现实的注册精度要求远比虚拟现实严格。

10.1.4 发展历史简述

1. 国外发展历史

20 世纪 60 年代,伊凡·苏泽兰(Ivan Sutheland)作为计算机图形学的先驱和他在哈佛大学及犹他州立大学的学生共同开发了最早的增强现实系统模型——光学透视头戴式显示器(See-Through Head-Mounted Display,简称 STHMD),这是世界上第一台采用了 CRT 的光学透视头戴式显示器。从此,增强现实技术登上了历史舞台。20 世纪 70 年代到 80 年代,美国空军阿姆斯特实验室、NASA 的 A-mes 研究中心和北卡罗来纳州立大学等机构进行了增强现实技术方面的研究。20 世纪 90 年代初,波音公司科学家 Tom Caudell 和 David Mizell 正式提出了"增强现实"的术语,他们将增强现实技术定义为计算机生成的虚拟信息覆盖在现实世界上的一种技术,并发表论文对增强现实相对于虚拟现实的优点进行了研究,探讨出诸如由于增强现实需要计算机合成的虚拟信息较少,因此对计算能力的要求也较低等优点,同时提出要进一步拓展增强现实的定位技术以使得虚拟世界和真实世界更好地结合。1993 年,Loomis 等人开发出一种可以帮助视觉障碍者进行视觉延伸的户外导航系统,该系统由笔记本电脑、GPS 和电子指南针组成,这套装置使用的数据是由 Geographic Information System(GIS)的数据库得到的,通过他们开发的"听觉虚拟显示(Acoustic Virtualdisplay)"技术来提供导航辅助,并即时将导航信息通过语音方式告诉用户,让用户更好地使用该系统,实现视觉延伸。1994年,Paul Milgram 和 Fumio Kishino 发表了论文《混合实景与虚拟显示的分类》(Taxonomy of Mixed Reality Visual Displays),该论文对增强现实的研究具有跨时代的意义[3],在该篇论文中,Paul Milgram 和 Fumio Kishino 定义了"现实-虚拟连续系统"(Reality-Virtuality Continuum)的概念(图10.1)。1996年,Jun Rekimoto 在自己的论文中公布了二维矩阵标记(2D Matrix Markers,即矩形条形码)在增强现实技术中的运用,这是对增强现实技术最早标志物的研究。1997年,Ronald Azuma 撰写了增强现实的第一个研究综述,他在这个研究综述中提出了增强现实的三个重要特征:虚实融合、三维沉浸和实时互动。这三个特征一经提出就被大家广泛接受。由于上述研究者对增强现实的研究,增强现实技术在世界范围开始受到重视。

经过几十年的发展,目前国外的增强现实技术研究可以分为以下两个领域:一个领域主要集中在改进显示技术和注册算法上。其中目前较具代表性的研究出自加拿大多伦多大学的增强现实实验室,该实验室根据人机环境中计算机生成的虚拟信息与真实世界的相对比例关系,绘制出一套准确度较高的虚实关系图谱,提出了一个基于双目视差排列的可见点遮挡处理方法,不仅提高了远程操作用户的控制精度,而且也提高了系统在有遮挡障碍时的注册准确度[4]。日本增强现实系统实验室提出一种无排斥交互的动态注册方法,并利用其技术成功开发了一套"增强现实空气曲棍球"系统。在该系统使用中,用户通过佩戴特殊的显示仪器,可以在一定范围内模拟一个小型曲棍球训练现场。在训练过程中,每个使用者都能直接看到其他使用者。由于采用了较为先进的动态注册方法,所以已经能够很好地控制不同使用者之间交互行为的延时[5]。另一领域是基于增强现实技术的应用系统开发。国外的增强现实技术起步较早,发展速度较快,所以已经在教育、工程设计、地理信息导航、医疗、军事等众多领域得到广泛的应用,效果明显。其中,美国华盛顿大学和索尼计算机科学实验室将增强现实技术融入到教学实验中,开发了一套"神奇书本"的应用软件。该软件可以按照书本中所描绘的内容生成与之相关的虚拟物体,并通过实时显示设备呈现一个虚实结合的环境。读者不仅可以直接阅读书中文字,还可以在同一"场景"中与其他"读者"进行交流[6]。美国麻省理工大学媒体实验室利用增强现实技术实现了多用户台球游戏系统,利用基于颜色特征的边缘检测方法,不仅辅助了多用户之间进行游戏规划,而且也提高了用户的瞄准精度[7]。南澳大利亚大学高级计算研究中心把增强现实技术应用到了军事领域,将特殊的头盔显示器和全球 GPS 定位系统相结合,把士兵的位置、特点、行为等增强现实信息实时地发送到虚拟的指挥中心,模拟出了军事演习训练的一系列过程,这样不仅可以达到完成训练的目的,同时也可以减少军事费用[8]。欧洲计算机工业研究中心在机械模型的设计中运用了增强现实技术,在建构机械模型的同时,视频信号的正确位置上即时出现各个部件的附加说明信息,使得用户可以更方便更有效率地建构机械模型。与此同时,游戏界也纷纷运用增强现实技术以实现玩家更好的体验。如:AR-Quake 软件是根据 Quake(雷神之锤)这一流行电脑游戏开发的增强现实扩展,Bruce Thomas 等人研发的 AR-Quake 软件使用 GPS、电子指南针等传感器设备和基于标志物的计算机视觉追踪系统。该系统由一个可穿戴式电脑的背包、一台头戴式显示器和一个只有两个按钮的输入器构成,实现无论什么环境下都可以用玩家实际环境中的动作、简单的输入设备和界面进行游戏。2011年,任天堂的 3DS 游戏机随机赠送了六款标志物卡,用户通过将标志物卡放在游戏机的摄像头前,实现一些具有三维效果的增强现实小游戏。

另外,由于相关技术的不断发展和移动平台的快速普及,增强现实系统在移动平台上的开发实现了实践的可能。随着移动平台利用率的提高,增强现实技术得到了飞跃式发展。2001 年,Newman 等人利用超声波跟踪设备定位系统对用户实现二维和三维的当前位置及方位信息的展示,探索了手持设备上增强现实系统的应用,并且在其文章中用理论研究证明了这种方式的可行性[9]。2002 年,Shelton 和 Hedley 为了更好地进行九大行星①的教学,利用增强现实技术实现了用户对九大行星的虚实交融的模拟学习。他们研究发现:相对于传统的教学方式,用户利用增强现实技术进行学习,在学习过程中更容易实现与知识承载物体的互动,更深刻地理解所要学习的知识。2003 年,Billinghurst 将增强现实工具看成一种传播媒介,他借助 Construct 3D 的增强现实工具对空间几何教学进行相关研究,发现增强现实工具具有独特的传播方式,更容易达到传播目标[10]。而 2005 年,由于 Henrysson 等人不满足于单人增强现实系统的交互,从而开发了一种双人协助的虚拟乒乓球游戏的增强现实系统。这种系统是基于标志的一种增强现实跟踪系统,该系统通过蓝牙实现点对点的数据通信[11]。随着 iOS、Andriod 等智能手机系统的崛起,增强现实手机系统也随之应运而生。2007 年,Wagner 等人在诺基亚的塞班系统上运用了基于 ARToolKit 的增强现实系统[12]。第二年,Wagner 等人进一步实现了改进的 SIFT 及 Ferns 算法,将增强现实手机系统的处理速度大幅度提高,

---

① 2006 年 8 月 24 日第 26 届国际天文联会通过的第 5 号决议,将冥王星计划为矮行星,从太阳系九大行星中除名。

并且将这一系统兼容性从塞班系统拓展到 Windows Mobile 系统[13]。智能手机系统的不断精准化、细节化和人性化使得增强现实系统基于位置服务的技术往移动平台深化。为了顺应和满足市场及消费者的需求,移动服务商和运营商也推出了相关服务:Wikitude(维基百科向导)针对 iOS 系统开发了可以搜索所在地附近的交通、宾馆、娱乐等信息的服务,同时用户也可以通过文字、视频等发表评价和使用、体验的感受来实现与系统的互动。而 SPRXmobile 发布的 Layar 在 Wikitude 的基础上添加了更多的功能,如用户可以根据二维码在所在位置周围环境上叠加相关历史建筑的信息[13]。这些增强现实手机系统的应用使得用户可更加便捷地获得信息,体验互动。自此,增强现实系统向着更深、更广的领域拓展。

由于增强现实技术的不断发展,国外从事增强现实技术研究工作的机构不断增多,目前主要的研究机构有美国的北卡罗来纳州立大学(UNC at Chapel Hill)、麻省理工学院(MIT)、华盛顿大学、科罗拉多矿业大学、哥伦比亚大学(Columbia U)、佐治亚理工学院(Georgia Tech)、罗切斯特大学(Rochester U)、波音公司(Boeing)、加拿大多伦多大学(Toronto U)、英国曼彻斯特大学、奥地利维也纳大学、欧洲计算机研究中心(ECRC)、瑞士日内瓦大学、瑞典皇家理工学院、德国 SIE-MENS AG、日本的东京大学、索尼计算机科学实验室(Sony CSL)、Nara 协会,韩国先进科技研究院(KIST)的成像媒体研究中心、新西兰坎特伯雷大学的人机交互技术实验室等;同时,增强现实的不断兴起让国际会议将增强现实技术加入了他们研究的议题范围,如:ISAR(International Symposium on Augmented Reality)、ISMAR(International Symposium on Mixed and Augmented Reality)、ICAT(International Conference on Artificial Reality and Telexistence)等。

2. 国内发展历史

国内增强现实技术的研究和开发相对国外而言,起步较迟,目前主要集中在开发上,理论研究较少,整体上处于起步阶段。国内高校研究机构对增强现实技术方面的研究还比较局限,增强现实系统应用开发方面的研究相对比较少。从专利申请的情况看,全球共有 108 个,我国仅北京理工大学获得一个[14]。但是随着增强现实技术的不断发展,越来越多的国内研究机构和相关企业对其越来越重视,在系统开发和理论研究上都实现了前所未有的突破和拓展。

国内对增强现实技术的研究最早是北京理工大学信息工程学院光电工程系对增强现实的数据手套、光学透视头盔等硬件设施[15~17],三维注册算法等软件[18,19],以及对基于光流、基于投影、基于计算机视觉等相关注册技术的理论研究,并且在以上领域获得了一定的研究成果。同时,王涌天实现了圆明园增强现实技术的虚拟重建系统,当用户戴上特殊三维眼镜时,可以一边散步一边领略当年皇家园林的

"真实"原貌[20]。在此基础上,中国军事博物馆在舞台上展现了一个以中国工农红军第四方面军(红四方面军的真实故事《雪山忠魂》)为基础的虚实交融的感人场景,使观众沉浸其中,体验当年红四方面军的真实场景与故事,让观众叹为观止。而在对增强现实的几个特征的深入研究中,华中科技大学的明德烈等通过改进注册技术,实现坐标转换的优化,让增强现实系统的适用更加有效简单[22]。西安交通大学的周建玲等人则加强了增强现实中三维沉浸特征的匹配方法,使用户参与增强现实所涉及的场景时更加具有沉浸性、真实性。

相对国外的广泛研究而言,国内增强现实技术的应用比较少。目前相关的应用有:5ii 交互工作室的山海经。这一作品是一款以 ARToolKit 及 VirtoolsDev3.5 的三维引擎为技术支撑,对山海经的相关人物形象和内容进行虚实结合的增强现实游戏开发,使用户在体验游戏时实现实时互动,与游戏角色有相同感受。浙江大学 CG&CAD 实验室根据儿童学习特点,设计开发了应用在科技馆的"基因剪刀"的增强现实项目,旨在提高儿童兴趣的同时让儿童更加深入地理解知识[23]。而上海自然博物馆新馆在 2012 年新设了增强现实展厅[24],参观者能够利用展厅的摄像头和其他设备与特定的保护区实现实时互动,甚至可以通过自己调整摄像头角度等从不同维度和角度感受体验野外考察的"真实"生活,让自己与探险家一样获得野外考察的体验。

虽然目前国内还没有出现较为完善的增强现实应用系统,但是已有研究者认识到增强现实技术的重要性,他们根据 AR 技术被广泛应用于移动通信领域的这一情况,将 AR 技术与智能手机的浏览功能相结合,并适时地推出了 AR 应用方面的新产品。如:百度将目前较为流行的 Android 手机操作系统与地理信息检索(GIS)相结合,开发了百度手机地图的应用软件[25]。

10.2 增强现实相关技术

增强现实是虚拟现实技术的延伸,是通过电脑技术,将虚拟的信息应用到真实的世界、真实的环境和虚拟的物体实时地叠加到同一个画面或同一空间的一种技术。该技术具有虚实结合、实时交互、三维沉浸的重要特点。因此,本节将通过虚实结合技术、人机交互技术和三维注册技术进行系统阐述。

10.2.1 虚实交融技术

虚实交融技术是指虚拟世界的信息与真实世界信息合成一致性的技术。在增强现实技术中，虚实交融技术尤其受到关注。增强现实技术中的虚实交融技术让三维虚拟模型和用户周围的真实环境融合在一起，叠加的层次几乎使用户察觉不到。由于真实世界中的环境、光照等会因为时间地点不同而不尽相同，所以如何让虚拟的三维模型更逼真地贴近、融入用户所在环境是目前虚实交融技术重点研究的问题。

（1）光照一致性：根据真实世界物体和环境的自然光照规律，用相关计算机软件（如 Maya 等）渲染出虚拟逼真的光照效果（如反射、漫反射等），使得虚拟三维模型和真实世界的光照尽可能地逼真，实现虚拟光照的一致性。

（2）遮挡一致性：真实世界的物体并不是单独存在在用户面前的，而是各种组件及各个物体交互遮挡，实现真实世界的一种独特层次感。遮挡一致性则是为了解决虚拟世界的层次性的一种技术。它根据真实世界中不同组件和不同物体遮挡的阴影等效果，将虚拟世界的三维模型通过雾化模型进行渲染，使用户在虚实结合的场景感受到虚实遮挡的效果，从而实现用户的三维沉浸感。

（3）几何一致性：由于增强现实系统是以坐标系的形式进行系统设计的，为了使虚拟三维模型以恰当的大小、坐标系呈现在用户面前，开发人员需要对虚拟三维模型及摄像头的参数进行调节，实现虚拟世界的几何一致性。

（4）材质一致性：通过对所展现的物体赋予合适的材质，并通过相关软件对虚拟三维模型进行渲染，使得虚拟三维模型与真实世界环境融合时呈现出无缝对接。

10.2.2 人机交互技术

传统的交互设备如鼠标、键盘、触屏等与虚拟用户界面的结合是目前虚拟用户界面的主要形式；此外，也是电子元件类设备用按钮操纵传统虚拟用户界面的另一种形式。这些交互设备在人机交互时受外界干扰较多、精度较低，某些交互设备成本较高，对于虚拟用户界面拓展有着一定的制约。为了让用户得到更好的虚实交互体验，与虚拟物体获得最自然、最直观的交互，增强现实技术中的人机交互技术有效地解决了这一问题，提高了用户的体验感，利用用户的表情、语音甚至姿势与虚拟物体进行交互，通过对用户表情、语音以及姿势进行跟踪注册，获取数据，并将这些数据返回计算机，通过提前对这些数据的定义实现用户对虚拟物体的行为指令，虚拟物体即根据这些行为指令实现用户表情、语音以及姿势所对应的准确反馈，实现自然型人机交互。

目前,增强现实人机交互技术大致分为以下两种:一种是通过如头盔显示器一类的硬件设备实现;一种是通过鼠标、标记卡或者人手交互等形式实现。下面将对这两种人机交互技术作详细阐述。

1. 头盔显示器交互

在增强现实系统中,用户将头盔显示器戴在头上,眼睛前方即呈现图像,实现虚拟现实交融。头盔显示器的透视分为光学透视(Optical See-Through)和视频透视(Video See-Through)两种。

光学透视的头盔显示器运作原理是在用户眼睛前面放置光学合成器,合成器是半透明半反射的,用户既可以透过它直接看到真实世界,又可以看到从头上戴的显示器反射到合成器上产生的虚拟图像,如图10.2(a)所示。由于光学合成器会减少来自真实世界的光,使用时会感觉像戴了一副墨镜。

视频透视头盔显示器则完全封闭视线,带有一个或两个摄像机拍摄真实世界的场景。场景合成器负责把摄像机视频和图形进行合成,并将结果送到用户眼睛前面的显示器上,如图10.2(b)所示。

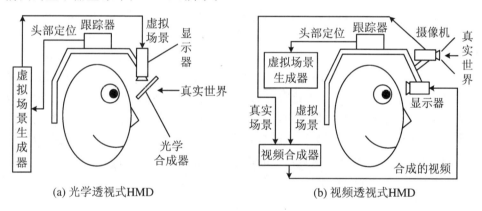

(a) 光学透视式HMD　　　　(b) 视频透视式HMD

图 10.2　头盔显示器示意图

2. 鼠标交互

人机交互技术中,鼠标交互是目前最普遍最直接的交互方式之一,也是普及速度最快、适用性最强的人机交互技术方式之一,因此,鼠标交互是增强现实系统中使用十分广泛的交互方式之一。

在增强现实鼠标交互系统中,用户只需要通过鼠标的点击就可以对虚拟物体的出现位置、大小等进行控制。由于用户通过对鼠标的点击只会实现鼠标在屏幕上单击一点的行动指令,因此只会得到某一时刻某一点上的二维坐标值[26]。但是

· 279 ·

在增强现实系统中,如果用户想将虚拟物体放在希望的位置,计算机就必须获得该点的三维坐标信息指令。因此在鼠标交互事件中,开发者通常依据计算机视觉技术,首先通过单摄像头获得视频图像,再从两张图像中相同点的二维坐标和摄像机在两个时刻的旋转变换矩阵得到该点的三维坐标信息,这样就可以获得两个不同时期的截取图像,然后通过对相同图像位置点击鼠标,实时计算出这两点之间的变换矩阵,获得该点的三维坐标信息,实现三维注册,进而完成之前现实鼠标交互事件[27],实现人机交互。

3. 标记卡交互

作为人机交互拓展的标记卡事件,相对于传统计算机界面及电子元件类设备而言,在用户使用及人机交互上实时性强,操作简单自然,使用户在使用时更加便捷自如。

增强现实标记卡交互事件是指在增强现实系统中,根据三维注册的标记卡事件,通过对虚实交融的场景中单个或者多个标记卡事件进行控制,进而实现对虚拟物体的控制。

通常,基本标记卡事件有三种形式事件:标记卡发现(MarkerFound)事件、标记卡移失(MarkerLost)事件和标记卡移动(MarkerMove)事件。增强现实标记卡交互事件涉及的标记卡事件主要是 MarkerFound 和 MarkerLost 这两种事件。

通常,增强现实系统虚拟交互场景有多个标记卡的互动,这些标记卡或属于用于叠加三维模型的基本标记卡,或属于用于互动的虚拟组件标记卡。为了便于场景的管理,提高多标记卡场景中的管理效率,开发者将所有标记卡对象放置于一个队列中,基本标记卡跟踪模块传来的标记卡事件由主场景中的事件处理函数统一处理,该事件依次传递给对象队列中的每一个标记卡对象,并根据事件类型分发给对应对象的事件处理函数(图10.3)。

4. 人手交互

随着人机交互技术的深入研究,用户对传统的交互设备如头盔、鼠标等时常故障等问题感到不满,而对自身身体的利用需求与日俱增。目前增强现实人手交互事件越来越引起研究者的重视。

增强现实人手交互事件是通过人手检测手段将人手从周围环境剥离出来,通过对人手的识别和特征提取进行人机交互的一种人机交互形式。目前,增强现实人手交互事件有手指交互、手掌交互和手势识别三种主要形式。

(1) 手指交互

手指交互在人手交互事件中对环境及用户的要求最高,它要求用户尽量保持手笔直(稍微弯曲也可以)。而在触发手指交互事件中,周围环境尽量不要有与肤色相近的物体[28]。手指交互事件触发中不需要任何外部硬件设备的配合,只需要手指即可完成对虚拟物体的控制。

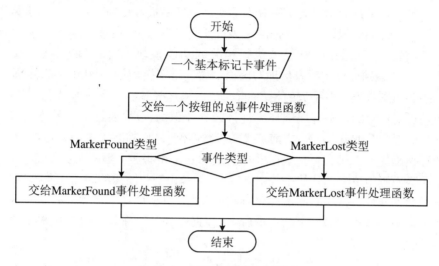

图 10.3　标记卡事件互动流程图

手指交互事件的运作原理是:开发者对用户的手上肤色相关参数和指标进行了解并将相关参数输入系统,然后对这些参数运用颜色变量分析,划定一定范围的像素阈值,系统再根据这种人手肤色检测指标对人手区域进行识别,进而获取手指动作指令。在增强现实手指交互事件的实际应用中表现为在增强现实系统的界面上建构一个虚拟菜单,手指实现传统输入设备的点击操作事件,进而实现对虚拟物体的控制。

（2）手掌交互

手掌交互事件是基于掌纹识别实现的人手交互事件。手掌交互事件的运作原理为:系统依据人手肤色检测手段将用户的手从周围环境中区别出来,进而实现识别和控制。由于手掌不同于手指,手掌是由骨骼组成的,需利用特定的算法来进行图像的骨骼化检测[29]。在增强现实系统运行中,手掌交互事件首先将用户的手从周围环境中区别出来,判断出手掌的掌心位置并将其作为坐标系原点,从而对用户手掌的动作进行判断,以实现有限的三维坐标系的识别,并实现虚拟物体与用户的交互。

手掌交互在理论上对用户的识别具有唯一性,使得增强现实系统的虚实结合会带给用户不尽相同的体验,但由于每个人的手掌骨骼结构和掌纹纹理深浅的差异性不是十分明显,因此手掌交互事件的实时性和准确性较差,从而真正采用手掌交互事件的增强现实系统少之又少。

(3) 手势识别

手势识别是目前增强现实系统人手交互事件中最常见的交互事件。手势识别是指计算机将手势识别模块送来的手势特征向量与系统的手势图像样本数据库进行比较,然后根据比较的结果来执行相关的功能模块,从而实现系统的交互训练[29]。手势识别可以实时自然地对虚拟物体进行变换,因此受到用户的喜爱。

手势识别首先获取手势的相关特征参数,将这些参数建模并加以定义,然后计算机通过对用户的手势与周围环境进行区分并识别,最后通过用户手势变化获取变化坐标系参数的变化并与之前定义的参数匹配,从而判断出手势变化,实现对用户与虚拟物体的人机交互。根据手势的运动状态可将手势状态分为静态与动态。静态手势识别指单一图片的手势识别,静态手势识别与图像的时序无关,只需要对手势的图像属性进行判断匹配即可;而动态手势识别指将手势运动的轨迹位置变化视为从一个状态到另一个状态的转变,根据图像的时序计算机对用户手势进行判断、匹配。

10.2.3 三维注册技术

三维注册指根据用户的反馈,实时调整计算机中的三维空间运动产生的增强信息,将虚拟信息"真实"无缝地融合在现实世界中。目前,增强现实系统中的三维注册技术可分为基于传感器的注册技术和基于计算机视觉的注册技术。

基于传感器的注册技术不需要电脑做繁多的复杂图像运算,导致系统程序运行效率高,既可以精准跟踪到虚拟信息投射在现实世界的绝对空间位置,又可以较好地达到系统程序的实时性要求。但是传感器价格通常比较昂贵,且其体积和质量较大,用户随身携带不方便,只能在特定的场所才可以较好地使用。

目前,因为基于计算机视觉的注册技术不需要任何昂贵的传感器设备即可提供较为精确的注册,成本较为低廉且使用便捷,所以大多数的增强现实系统采用的是基于计算机视觉的注册技术。基于计算机视觉的注册技术目前主要有基于特征的跟踪和基于模型的跟踪两种方法。基于特征的跟踪方法是摄像机根据设定的程序对二维图像信息进行处理,获得参数矩阵,并且实时确定摄像机坐标与真实场景物体坐标的变换矩阵,从而获得2D坐标与3D场景坐标的对应关系。基于模型的跟踪方法是增强现实三维注册技术的新兴领域,其采用的跟踪方法则是使用一些具有可分辨特征的二维模型作为跟踪对象。

10.3 增强现实的应用

20世纪60年代以来,增强现实以其虚实结合、实时交互、三维沉浸、成本低和操作便捷等优点,受到了用户的广泛关注和认可,也得到了社会越来越多研究者和用户的重视。据不完全统计,目前增强现实技术在军事领域、医疗领域、教育领域以及商业领域等都有着广泛的应用。

10.3.1 军事领域

军事领域是增强现实技术在实际运用中的主要应用领域,该领域的研究也是不断推进增强现实技术发展的动力之一。目前,增强现实技术主要应用在军事领域的军事训练和装备的维护训练方面。

众所周知,传统的军事演习中,不仅财力和人力的消耗量大,而且安全性较低,演习较为单一,不易在固有的实战演习的条件下随机改变状况对各种战场姿态的战术及相关决策进行反复演习,这成为传统军事演习的一种缺憾。但是增强现实技术的应用使得这种缺憾成了过去式。部队通过增强现实技术进行模拟作战,计算机通过向系统中输入部队的位置信息,系统实时进行反馈,在真实的环境中叠加虚拟的信息和物体,不仅可以显示"真实"的战场,还可以显示虚拟环境信息以及各种增加的虚拟物体,实现多维战场信息的可视化,更好地将军事演习实战化。同时,增强现实军事训练和演习不仅可以不动用实际装备而使军人有身临其境之感,还可以运用到军事演习和训练的协同工作中。增强现实协同系统可以让多用户在终端一起训练和演习、同时互动,甚至可以同时和虚拟物体互动,更能为这些用户建立一个共享的虚拟空间。在这个虚拟空间里,这些用户可以随意设定战争的背景环境,可以随机改变战场的战术和相关决策,从而实现对军人的多次训练以迅速获取作战经验,减少训练风险,提高训练效率。例如美国NRL海军研究试验室开发的战场用增强现实系统(BARS)[30],如图10.4、图10.5所示。

在装备的维护训练中应用增强现实技术,可以实现多地区、多部门的联合研制和训练,更能使负责部门通过增强现实系统多方位、多角度地比较各种可行方案,使装备的维护训练能够使用性价比最佳的方案,并且可以缩短装备维护训练的决策周期,节约不必要的开支,降低成本,提高装备的性价比。同时,装备维护训练的

图 10.4

图 10.5

说明书也可以使用增强现实技术,传统的装备说明书一般为文字和图片相结合讲解,不易于初次使用者理解,更不利于其在危机时期迅速操纵装备;将增强现实技术与装备说明书相结合,可以直接在装备上添加视频、3D 效果等更便捷的解释说明,极大地提高了装备保障的效率[31],如图 10.6 所示。

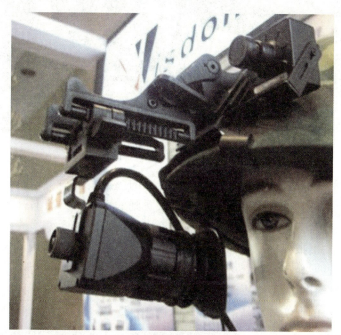

图 10.6

10.3.2 医疗领域

在医疗领域的应用包括医疗教学和医疗实践。传统的医疗教学一般使用教科书和供解剖用的尸体供学生学习体验。通常,在这种情况下只有少数学生可获得练习解剖技术的实践机会,同时学生还面临着对实际生命体进行解剖实践时很难看到很多细小的神经和血管的问题。此外,如果对实际生命体进行切割,该生命体就被不同程度地破坏了,如果需要再次进行切割以便观察就束手无策了。因此,增强现实技术的出现给医疗教学带来了便捷直观的改变,弥补了传统医疗教学的不足(图 10.7)。比如:对人体的胸部结构进行教学时,学生可以通过鼠标或者任何可移动输入设备对胸部结构进行拆分和组装,并可以任意转换角度旋转观看,详细了解肋骨、肺和心脏这三个部分,同时还可以在这三个部分上反复放缩操作,便于更好地观测和分析需要了解的具体细节,更好地了解这三个部分的三维结构及其本质。

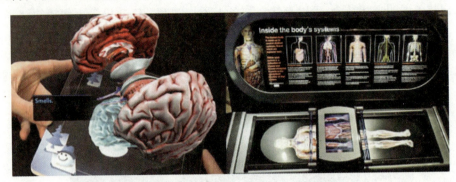

图 10.7

随着技术的不断发展,基于增强现实技术的医疗实践获得较大的发展。通过增强现实系统,医生可以直接看到肉眼无法看到的手术视野深部以及器官的内部信息,同时获得器官相对于病人身体的准确空间信息。当手术器械接近危险区域时,系统可以发出报警提示信息,对医生有很强的辅助引导功能。比如:在外科手术教学中,通过增强现实系统可以对复杂外科手术进行设计、进行手术过程中的指引和帮助信息的提供、危险提示、手术结果的预测等,进而帮助外科医生顺利完成手术,并将病人的损伤降至最低(图 10.8、图 10.9)。

图 10.8

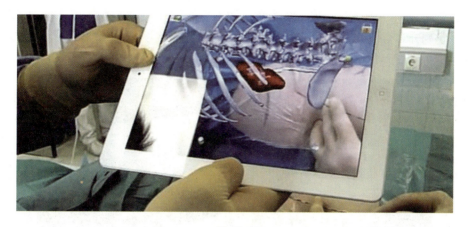

图 10.9

10.3.3 教育领域

随着时代的发展和受众需求的提高,采用鼠标、键盘、触屏等与虚拟用户界面结合的传统教育传播的用户界面已不太适应时代的发展,这些用户界面的交互设备在人机交互时受外界干扰较多、精度较低,某些交互设备成本较高,对于所传播知识的获取有着一定的制约。与此同时,数字音频、数字视频、数字电影与日益普及的电脑动画、虚拟现实甚至体感游戏等新兴媒体构成了新一代的数字教育传播媒体。

目前,国内外许多大学和公司进行了增强现实教学与实验的研究,开发相关的增强现实教学课件等,并在部分中小学和大学中进行实践应用。比如:美国华盛顿大学和索尼计算机科学实验室将增强现实技术融入到教学实验中,开发了一套"神奇书本"的应用软件。该"神奇书本"可以按照书本中所描绘的内容生成与之相关的虚拟物体,并通过实时显示设备呈现一个虚实结合的环境(图10.10)。读者不仅可以直接阅读书中文字,还可以在同一"场景"中与其他"读者"进行交流[32];Shelton 和 Hedley 为了更好地进行九大行星的教学,利用增强现实技术实现了用户对九大行星的虚实交融的模拟学习。他们的研究发现:相对于传统的教学方式,用户利用增强现实技术进行学习,在学习过程中更容易实现与知识承载物体的互动,更深刻地理解所要学习的知识;Kaufmann 将增强现实工具看成一种传播媒介,他借助 Construct 3D 的增强现实工具对空间几何教学进行相关研究,研究发现增强现实工具具有独特的传播方式,更容易达到传播目标[10]。与此同时,笔者也根据我国学生的特点开发了一套增强现实科普读物,该读物采用基于摄像头的增强现实技术(图 10.11),展示多个学科知识点的三维互动式动画,实验证明较其他教学媒介,该读物给学习者提供了较强烈的认知体验,从而让学习者可以立体化地获取和理解知识,达到较好的教学效果[33]。

图 10.10

图 10.11

在教育领域里面不可或缺的因素之一就是学习者,让学习者由观察者转变为参与者,学习者融入增强现实系统成为系统的一部分也是增强现实技术在教育领域发展的重要分支之一。增强现实技术给学习者构建出"真实感"的体验环境,让学习者沉浸在其中的认知体验与在真实物理世界的认知体验相似或者相同。例如:佐治亚理工大学实现了一个基于增强现实技术的校园导游系统,学生可以使用手机等移动设备来游览一个虚拟的世界和真实的世界叠加在一起的增强现实的世界,不但有真实的风景,更有额外的辅助信息提示,构建了"真实感"的体验环境;上海大学多媒体中心开发的基于增强现实的虚拟装修系统和上海大学校园漫游系统以及王涌天教授的基于增强现实技术的数字圆明园重建系统,令使用者完全沉浸其中,构建了真实的"临场感"。

　　增强现实游戏是种比较特殊的教育形式。目前,基于增强现实技术开发的游戏由于其沉浸性、玩家体验感受到人们广泛的重视。美国麻省理工大学媒体实验室利用增强现实技术实现了多用户台球游戏系统,利用基于颜色特征的边缘检测方法,不仅辅助了多用户之间进行游戏的规划,而且提高了用户的瞄准精度[7];AR-Quake 软件是 Quake(雷神之锤)这一流行电脑游戏的增强现实扩展,Bruce Thomas 等人研发的 AR-Quake 软件使用了 GPS、电子指南针等传感器设备和基于标志物的计算机视觉追踪系统。该系统由一个可穿戴式电脑的背包、一台头戴式显示器和一个只有两个按钮的输入器构成,实现无论什么环境下都可以用玩家实际环境中的动作、简单的输入设备和界面进行游戏。5ii 交互工作室开发的基于增强现实技术的游戏作品《山海游》是国内目前较好的运用增强现实技术的游戏作品之一,它使用 ARToolKit 以及三维引擎 VirtoolsDev 3.5 进行开发,内容取材自《山海经》,使玩家在一边玩游戏的同时可以一边学习中国传统文化。

图 10.12

根据《2011年地平线报告》[34]（The Horizon Report 2011）：增强现实技术在教育领域中应用的优势体现在：① 增强现实技术可应用在可视化的和深度互动的学习形式中——增强现实技术可以实时、敏捷地将数据叠加到现实环境中。② 增强现实技术可有效地响应用户输入，这种互动对于学习和评价而言具有重要意义。在增强现实技术的支持下，学习者可以在现实生活经验的基础上，通过与虚拟物体的互动，进行认知建构。③ 增强现实技术可以为学习者提供感性的学习材料。例如增强现实技术可以再现现实生活中学习者无法（或由于条件限制而不能）观察到的事物（及事物的变化过程）。④ 增强现实技术可有效地支持情境学习。应用增强现实技术，学习与生活的联系将更为紧密。⑤ 增强现实技术有助于学习者学习迁移能力的培养。⑥ 增强现实技术与移动设备结合，逐渐成为普及的学习工具，使得正式与非正式学习的界限愈发模糊，促进学习生态的进化。随着增强现实技术的不断发展和完善，增强现实技术以其巨大的教学优势将在教育领域发挥越来越重要的作用。

10.3.4　商业领域

由于网络的发展，人们越来越倾向于使用视觉化、互动性的产品，因此，增强现实技术在商业领域的运用使其相对于文字或者图片、视频宣传更具有吸引力。

在游戏领域，例如 Wagner D 开发了首款基于商用 PDA 的增强现实技术系统"Invisibletrain"，该系统在由多人参与的 AR 交互游戏方面有典型应用[35]。Henrysson A 开发了面对面的基于手机的双人协作 AR 应用系统，该系统采用基于标识的跟踪定位技术，利用蓝牙技术进行 P2P 的数据通信，用户通过手中的手机控制虚拟的乒乓球[12]。

在媒体上，2008 年 CNN 的美国大选报道、2010 年 CCTV-5 的世界杯特别节目《豪门盛宴》、2011 年湖南卫视的《快乐女声》总决赛、2012 年湖南卫视跨年晚会、2012 年东方卫视的新闻纪实栏目《大爱东方》、2012 年江苏卫视的新闻栏目《新闻眼》等国内外越来越多的电视媒体将 AR 技术运用到电视节目制作当中[36]。2013 年 5 月，德国最大的全国性新闻报纸《南德意志报》（Süddeutsche Zeitung, SZ）发行了旗下杂志《星期五》的增强现实版本。该杂志利用智能手机的增强现实技术来激活杂志页面上包含的 3D 插图、交互式视频、带超链接的访谈、借手机摄像头显示答案的纵横字谜游戏等多种增强现实体验[37]。

而在邮政领域，2011 年 3 月 28 日荷兰邮票使用"增强现实"技术展现"托塔"情景，发行了《荷兰城市》的邮票（图 10.13）。打开专设的"未来在运动"网站（www.toekomstinbeweging.nl，票面均印有该网址），当你把印有特殊 QR 码的邮票图案朝上平放于手掌并对准电脑摄像头时,就可在该网站页面上看到该建筑物立于掌面(图10.14),通过移动手中的邮票,几乎可从任何角度欣赏邮票中的建筑物。为配合该套邮票的发行,相关部门还设计了一款iPhone手机应用程序,通过与在电脑前相同的操作,亦可见邮票中建筑物的3D效果图。2013年5月7日,上海市邮政公司发行了首届中国(上海)国际技术进出口交易会纪念邮资明信片,这是我国首套采用增强现实技术的纪念邮资明信片。

图 10.13 《荷兰城市》

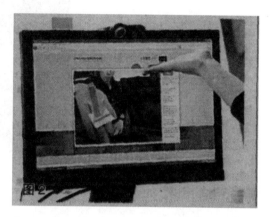

图 10.14 《荷兰城市》效果

10.4 增强现实案例应用——Build AR

10.4.1 Build AR 简介

Build AR 是一款针对增强现实场景的程序,该软件采用标记跟踪技术,通过便捷简单的图形界面使用户可以自动生成标记卡等,进行增强现实场景开发。Build AR 有标记定位跟踪、加载多种格式的模型及音频、视频、加载模型缩放和调整、增强现实场景加载保存等特色功能。

10.4.2 Build AR 界面介绍

Build AR 的界面如图 10.15 所示。

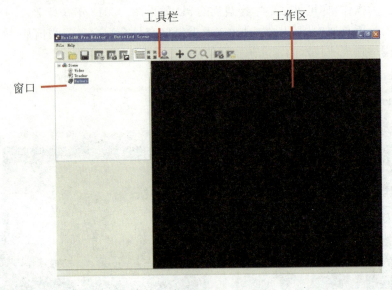

图 10.15

10.4.3 基本操作

1. 生成标记卡

Build AR 系统中生成的增强现实场景需要加载 patt 格式的标记模型,因此,我们先生成 patt 格式的标记模型。

点击工具栏上从图像生成标记模型 的按钮,点击弹出界面的 ,将黑白标记卡的 jpg 格式添加进去(图 10.16、图 10.17)。

然后点击 生成 patt 格式的标记模型(图 10.18)。

2. 增强现实场景制作

(1) 打开 Build AR 程序,可看到图 10.19 中的界面,点击 进入界面。

(2) 点击左边的 Video 按钮(图 10.20)。

(3) 选择 Video 后,在左下方的窗口选择 Camera(Video Capture Device),然后点击 ,此时可以检测到摄像头(图 10.21)。

图 10.16

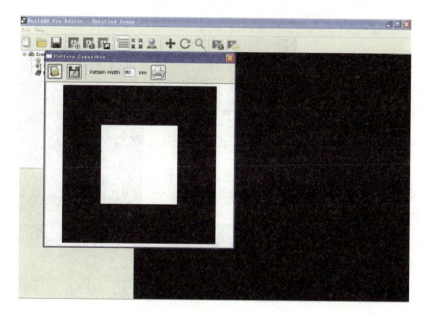

图 10.17

图 10.18

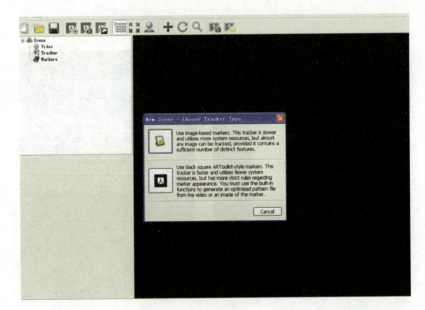

图 10.19

图 10.20

图 10.21

(4) 这时该加载标记卡模型了。将鼠标放在左上方的 Makers 上，鼠标右边显示出 Add Maker(图 10.22)。

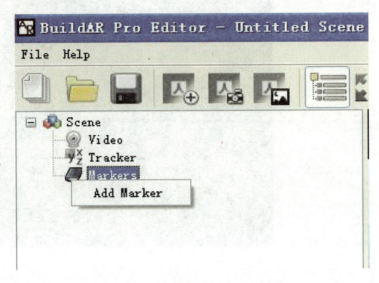

图 10.22

(5) 点击 Add Maker 可以加载标记模型(图 10.23)。

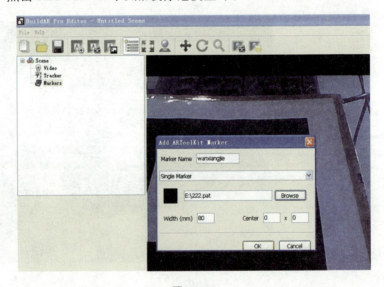

图 10.23

(6) 我们将 patt 格式的标记模型加载到程序中(图 10.24)。

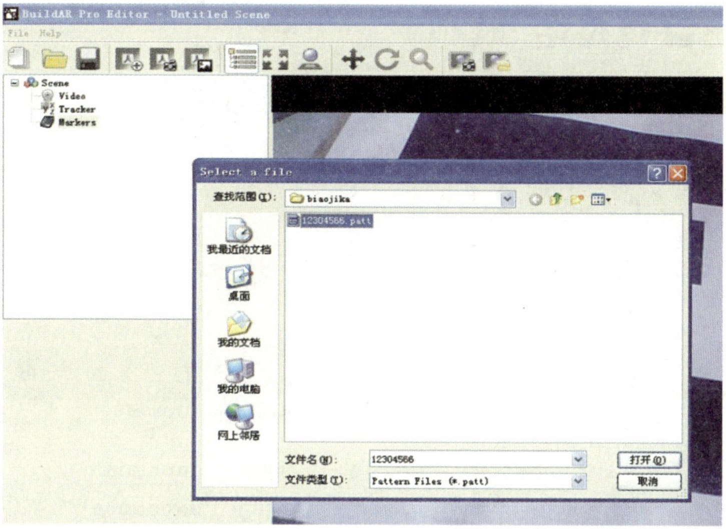

图 10.24

(7) 加载成功后左边窗口的树状结构会出现标记模型的图标。在该图标上鼠标右击会显示加载不同模型、图像、电影、文本、音频、视频等信息。我们以加载模型为例(图 10.25)。

(8) 点击 Add 3D Model,可以加载.3ds、.obj、.mtl、.lwo、.ive、.osg、.fbx 等。但 BuildAR Pro 不支持 Google SketchUp 的.skp 格式。加载后可以通过窗口左下方的 Translation、Rotation、Scale 调节模型的大小、尺度等参数(图 10.26、图 10.27)。

(9) Build AR 的图像格式有 jpg、png、tga、gif、bmp 等。对于带有 Alpha 通道的图像格式,Build AR 支持透明度调整;Build AR 仅支持 QuickTime 格式的影像;Build AR 仅支持.wma 格式的声音。

(10) Build AR 对注册用户支持保存增强现实场景,可完整保存用户数据。

图 10.25

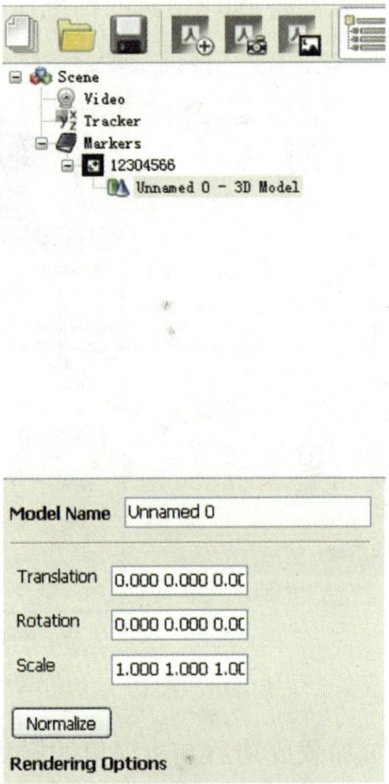

图 10.26

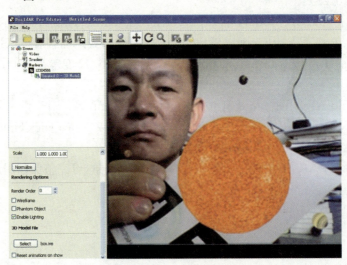

图 10.27

第 11 章 移动增强现实

随着智能手机和平板电脑的流行和普及,移动媒体正在进入越来越多用户的日常生活。增强现实作为一种新颖的 3D 互动式媒体技术,也正在蓬勃而火热地发展,并且深入到各种应用领域。

11.1 多元化的移动增强现实应用

在多元化需求的驱动之下,市面上已经出现了大量的增强现实类 App 应用,这些 App 多数利用移动设备的后置摄像头、GPS 及陀螺仪等获取现实信息,并且据此生成增强叠加到现实信息之上的虚拟信息,以满足用户在真实物理环境中的各种虚实融合的需求。

11.1.1 Layar

Layar 是全球第一款增强现实感的手机浏览器,由荷兰软件公司 SPRXmobile 研发设计。它能向人们展示周边环境的真实图像。只需要将手机的摄像头对准建筑物等,就能在手机的屏幕下方看到与这栋建筑物相关的、精确的现实数据。同时用户还能看到周边房屋出租、酒吧及餐馆的打折信息、招聘启事以及 ATM 等实用性的信息(图 11.1)。

Layar 是一个开放的增强现实的平台,任何第三方都可以通过 Layar 的开发接口来打造基于 Layar 的自己的增强现实应用。目前其官方网站上列出的应用有 2000 多个,其应用类型包括教育、游戏、建筑、艺术、交通、游戏等等。

图 11.1

11.1.2　3D Compass

在路上,一边看手机,一边走路,有很大概率会撞到人或者撞到树。特别是驾车的时候,如果一边看导航一边看路,会非常危险。而 3D Compass 这款软件完全可以杜绝这种事情的发生,通过摄像头,软件将会提供一个真实的路面地图,并在路面上为大家提供箭头以及方向服务(图 11.2)。

11.1.3　Wikitude World Browser

Wikitude World Browser 是一款基于地理位置的增强实景的应用,即可以通过指南针、摄像头和 GPS,将虚拟信息数据标注到现实世界中。

从另一个角度来说,Wikitude World Browser 也是一款另类但是很先进的导航软件,使用时需要开启 GPS 定位,以获得较为准确的位置。

当你到一处景点、大楼或者城市的某个角落的时候,打开这个软件对着你想了解的地方照一下,屏幕上马上会显示这个地方的有用信息,比如大楼内部的餐馆数量、订座电话、酒店信息、景点名胜的相关信息、相关 Youtube 视频,甚至其他网友发布上去的有关信息等等(图 11.3)。

图 11.2

图 11.3

11.1.4 谷歌星空

借助谷歌星空我们可以辨别出天空中的星座,打开这个 App,将手机摄像头指向天空,手机屏幕上就会显示出当前星座的信息(图 11.4)。

图 11.4

它主要利用 GPS 向 Android 用户展示夜空中的星座。谷歌星空就如同一个微型的天文望远镜,可以带领用户仰望星空,探寻宇宙的神秘之处。目前该服务可查看各种天体,包括星体、星座、星系、行星和月球,允许用户自由设定显示部分的特定天体。谷歌的这项星空观测服务完全依赖于手机内建的全球卫星定位系统及加速器,精确地利用用户的所在位置,包括所面对的方向、手机倾向何方等进行判定,且星空图会跟着用户方向的移动而改变。

11.1.5 Word Lens

打开这个 App,把想要翻译的文字放到画面中央,软件就会自动辨识该文字,同时将其直接以指定想翻译的语言来显示,几乎就在你看清屏幕显示内容的同时,它们就已经被翻译完毕,并且仍然完美地融入原有环境当中。Word Lens 使用本地词库,翻译过程无需联网,目前仅支持英语和西班牙语互译(图 11.5)。

11.1.6 增强现实全景体验

借助移动设备中的陀螺仪,用户可以实时获取当前设备的偏转角度,基于这种陀螺仪数据,我们就可以为三维全景的体验提供全新的可能性,陀螺仪在这里可以成为控制三维全景切换角度和方位的控制器,随着用户的互动而实时改变三维全景呈现在用户眼前的画面,使得用户就像是亲自到全景的虚拟世界中旅游一般(图 11.6)。

图 11.5

图 11.6

11.2 移动增强现实游戏开发

11.2.1 使用 Unity 和 Vuforia 开发移动 AR 游戏

Vuforia 扩增实境软件开发工具包(Vuforia Augmented Reality SDK),是高通推出的针对移动设备扩增实境应用的软件开发工具包。它利用计算机视觉技术实时识别和捕捉平面图像或简单的三维物体(例如盒子),然后允许开发者通过照相机取景器放置虚拟物体并调整物体在镜头前实体背景上的位置。2015 年 10 月,物联网软件开发商 PTC 宣布,以 6500 万美元从高通子公司 Qualcomm Connected Experiences 手中收购 Vuforia 业务。

Vuforia 具有识别黑白标记、彩色图片标记等基本的 AR 识别功能,此外还特有可以识别立方体、圆柱体等几何物体的计算机视觉功能,并且基于标记的识别可以实现虚拟按钮等较为复杂的互动功能(图 11.7、图 11.8)。

图 11.7

图 11.8

Vuforia 有为 Unity 推出的插件,这使得我们可以使用 Unity 和 Vuforia 一起来开发移动 AR 游戏,在 Unity 中搭建互动式游戏场景,并且基于 Vuforia 将用户的实时互动借助手机摄像头对标记卡的识别引入到游戏的互动中,最终通过 Unity 发布为基于 iOS 或 Android 的 App(图 11.9)。

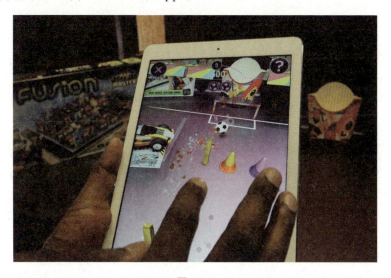

图 11.9

11.3 开放式移动增强现实新框架

11.3.1 ARML

增强现实开发潜力的激增使得显示地理注释及基于位置的数据等信息的聚类方法的出现成为必要,基于这种情形,Wikitude 的开发者 Mobilizy 提议创建一个开放的增强现实标记语言(ARML)规范,这个规范基于 OpenGIS KML 编码标准(OGC KML)和扩展。

ARML 包含一个 XML 语法以描述虚拟场景中物体的位置和外观,以及 ECMAScript 绑定允许动态访问虚拟对象的属性、事件处理,同时 ARML 还关注基于摄像头对标记卡进行识别的视觉增强现实。

移动平台下的增强现实浏览器 Wikitude 对 ARML 语言有较好的支持,同时其他一些移动浏览器也在努力支持这一规范。

11.4 ARML 语言特征

11.4.1 ARML 的语言要素

Features:代表需要被增强的现实世界中的物理对象。
VisualAssets:描述增强现实场景中虚拟物体的外观。
Anchors:描述物理世界中的真实物体和虚拟物体之间的空间关系。

11.4.2 Feature

Feature 中的元素来自对 GML(Geography Markup Language)即地理标识语言的使用,用于描述将被增强的物理对象,如地理空间对象的空间数据和非空间属性数据。GML 由 OGC(开放式地理信息系统协会)于 1999 年提出,并得到了许多公司的大力支持，如 Oracle、Galdos、MapInfo、CubeWerx 等。

11.4.3　VisualAssets

VisualAssets 描述增强场景中的虚拟对象的外观。ARML 允许各种 VisualAssets 被描述，包括纯文本、图像、HTML 内容和 3D 模型，且可以面向 VisualAssets（自动总是面对用户，或保持特定的静态取向）和扩展。

在移动终端上，3D 模型一般采用 WebGL 进行描述及渲染，在实际开发中，直接应用 WebGL 的语言进行编码是非常繁琐的，多数开发者往往会选用如 Three.js 这样的 WebGL 类库来进行快速的开发，而较为复杂的 3D 模型则一般通过 3D 软件输出为.dae 格式，再通过 Three.js 进行调用。

11.4.4　Anchor

Anchor 定义了物理对象在真实世界中的位置，它包含 4 种类型：Geometries、Trackables、RelativeTo、ScreenAnchor。

1. Geometries

Geometries 通过固定的坐标描述物体的位置，即用"经度、纬度、海拔"作默认的坐标参考系统。ARML 允许描述点、线和二维（多边形）的几何图形。

如：

```
⟨gml:Point gml:id = "ferrisWheelViennaPoint"⟩
⟨gml:pos⟩
  48.216622 16.395901
⟨/gml:pos⟩
⟨/gml:Point⟩
```

2. Trackables

Trackables 是一些可以通过摄像头等设备的视频画面进行搜索和识别的样式，有许多各种各样的跟踪技术存在，如 QR 码、自然特征、3D 和面部跟踪等。

如，以下代码为设置一张名为"myMarker.jpg"作为被跟踪的标记物，当摄像头视频画面中出现这个图片时，它就会被识别出来。

```
⟨Tracker id = "defaultImageTracker"⟩
⟨uri xlink:href = "http://opengeospatial.org/arml/tracker/genericImageTracker" /⟩
```

```
〈/Tracker〉

〈Trackable〉
  〈config〉
    〈tracker xlink:href="#defaultImageTracker" /〉
    〈src〉http://www.myserver.com/myMarker.jpg〈/src〉
  〈/config〉
  〈size〉0.20〈/size〉
〈/Trackable〉
```

3. RelativeTo

RelativeTo 允许定义一个相对于其他 Anchor 或者用户位置的相对关系,前者允许一个场景的设置和所有包括虚拟对象的位置基于单个的 Anchor,像一个放在桌子上的可跟踪物。后者允许用户与场景的实际位置无关,虚拟对象仅仅是周围放置的用户,无论他或她的物理位置如何。

4. ScreenAnchor

与前面三种类型的 Anchor 相反,ScreenAnchor 不描述三维虚拟场景中的一个位置。相反,它会在设备屏幕上定义一个区域。

11.4.5 ARML 语言案例

以下代码可实现这样的功能:在增强现实的互动中,将 3D 模型 myModel.dae 叠加到由 myMarker.jpg 所描述的标记上面,当 myMarker.jpg 被摄像头拍摄并被跟踪到之后,3D 模型 myModel.dae 将呈现在 myMarker.jpg 所在的坐标平面之上。

```
  〈arml〉
〈ARElements〉
  〈!-- register the Tracker to track a generic image --〉
  〈Tracker id="defaultImageTracker"〉
    〈uri xlink:href="http://opengeospatial.org/arml/tracker/genericImageTracker" /〉
  〈/Tracker〉
```

```xml
<!-- define the artificial marker the Model will be placed on top of -->
<Trackable>
  <assets>
  <!-- define the 3D Model that should be visible on top of the marker -->
    <Model>
      <href xlink:href="http://www.myserver.com/myModel.dae" />
    </Model>
  </assets>
  <config>
    <tracker xlink:href="#defaultImageTracker" />
    <src>http://www.myserver.com/myMarker.jpg</src>
  </config>
  <size>0.20</size>
</Trackable>
</ARElements>
</arml>
```

而针对 Wikitude 浏览器的 ARML 则是这样的(图 11.10)：

```xml
<?xml version="1.0" encoding="UTF-8"?>
<kml xmlns="http://www.opengis.net/kml/2.2"
     xmlns:ar="http://www.openarml.org/arml/1.0"
     xmlns:wikitude="http://www.openarml.org/wikitude/1.0">
  <Document>
    <ar:provider id="mountain-tours-I-love.com">
      <ar:name>Mountain Tours I Love</ar:name>
      <ar:description>My preferred mountain tours in the alps. Summer and Winter.</ar:description>
      <wikitude:providerUrl>http://www.providerhomepage.com </wikitude:providerUrl>
      <wikitude:logo>http://www.mountain-tours-I-love.com/wikitude-logo.png </wikitude:logo>
    </ar:provider>
    <Placemark id="123">
      <ar:provider>mountain-tours-I-love.com</ar:provider>
      <name>Gaisberg</name>
      <description>Gaisberg is a mountain to the east of Salzburg, Austria</description>
      <wikitude:info>
        <wikitude:thumbnail>
          http://www.mountain-tours-I-love.com/gaisberg-thumb.png
        </wikitude:thumbnail>
        <wikitude:phone>555-9943</wikitude:phone>
        <wikitude:url>http://en.wikipedia.org/wiki/Gaisberg </wikitude:url>
        <wikitude:email>info@mountain-tours-I-love.com</wikitude:email>
        <wikitude:address>Jakob-Haringer-Str. 5a, 5020 Salzburg, Austria</wikitude:address>
      </wikitude:info>
      <Point>
        <coordinates>13.11,47.81,1158</coordinates>
      </Point>
    </Placemark>
  </Document>
</kml>
```

图 11.10

11.4.6 基于 iOS 的增强现实浏览器 Argon

Argon 是佐治亚理工学院的增强现实环境实验室正在开发中的一款基于 iOS 平台、支持增强现实技术的网页浏览器,它也是一款正在为 ARML 做准备的浏览器。

Argon 支持对苹果 iPhone 手机及平板电脑 iPad 的各种传感器的调用,如 GPS、陀螺仪、摄像头等,可以实现通过陀螺仪控制全景观看、基于位置的增强现实等(图 11.10)。

图 11.10

Argon 支持 WebGL 技术规范,可以采用 Three.js 来实现 3D 内容的呈现与互动,同时它内嵌了 Vuforia 作为其视觉识别模块,可以通过 iOS 的摄像头轻松地识别图片等标记物作为叠加虚拟物体的坐标。

参 考 文 献

[1] Azuma R T, Baillot Y, et al. Recent Advances in Augmented Reality[J]. IEEE Computer Graphics and Applications, 2001, 21(6):34-47.

[2] 涂子琰,孙济洲. 增强现实技术的应用和研究[J]. 计算机工程与应用, 2003, 12:100-125.

[3] White M, Liarokapis F, Darcy J. Augmented reality for museum visualization[J]. Workshop on Computer Graphics, 2003, 15(3):75-80.

[4] 常勇,施闯. 基于增强现实的空间信息三维可视化及空间分析[J]. 系统仿真学报, 2007, 19(9):1991-1995.

[5] 陈靖,王涌天,闫达远. 增强现实系统及其应用[J]. 计算机工程与应用, 2001, 15(4):72-75.

[6] 赵永峰,王毅刚. 采用手指的三维人机交互方法[J]. 电子学与计算机, 2009, 33(6):75-79.

[7] Ronald A. A survey of augmented reality[J]. Teleoperators and Virtual Environments, 2007, 6(4):355-385.

[8] 任波,管涛,李利军. 基于ARToolKit的增强现实系统开发与应用[J]. 计算机系统应用, 2006, 35(9):35-37.

[9] Newman J, Ingram D, Hopper A. Augmented reality in a wide area sentient environment[C]// Proceedings of the 2nd IEEE and ACM International Symposium on Augmented Reality (ISAR 2001). New York: IEEE, 2001.

[10] Shelton B, Hedley N. Using Augmented Reality for Teaching EarthSun Relationships to Undergraduate Geography Students[C]. Augmented Reality Toolkit. The First IEEE International Workshop, 2002.

[11] Billinghurst M. Augmented Reality in Education[EB/OL]. http://www.

newhorizons.org/strategies/technology/billinghurst.html.

［12］ Henrysson A，Billinghurst M，Ollila M. Face to face collaborative AR on mobile phones［C］// Proceedings of the Fourth IEEE and ACM International Symposium on Mixed and Augmented Reality(ISMAR 2005)，2005.

［13］ Wagner D，Schmalstieg D. Artoolkitplus for pose tracking on mobile phones［C］. Computer Vision Winter Workshop，2007.

［14］ Augmented Reality Browser：Layar［EB/OL］.［2011/12/12］. http://www.layar.com/.

［15］ 高净业.增强现实人机交互系统的研究［D］.杭州：杭州电子科技大学,2011.

［16］ 胡晓明,刘越.五指七自由度数据手套的研究［J］.光电子技术与信息,2003,8(增刊)：768-771.

［17］ 哈涌刚,周雅.用于增强现实的头盔显示器的设计［J］.光学技术,2000,26(4)：350-353.

［18］ 周雅,闫达远,王涌天,等.一种增强现实系统的三维注册方法［J］.中国图像图形学报.2000,5(5)：430-433.

［19］ 明德烈,柳健,田金文.非定标的虚实注册方法［J］.红外与激光工程,2002,31(2)：170-174.

［20］ 王涌天,郑伟,刘越.基于增强现实技术的圆明园现场数字重建［J］.科技导报,2006,24(3)：36-40.

［21］ 张静.基于iPhone的增强现实技术的研究与应用［D］.成都：电子科技大学,2010.

［22］ 明德烈,柳健,田金文.增强现实的虚实注册技术研究［J］.中国图像图形学报,2003,8(5)：557-561.

［23］ 张宝运,恽如伟.增强现实技术及其教学应用探索［J］.实验技术与管理,2010,27(10)：135-138.

［24］ 姚婵.自然博物馆的交互设计研究:针对中小学用户群体的设计［D］.北京：中央美术学院,2011.

［25］ 杨丹.基于ARToolkit增强现实交互场景的研究［D］.沈阳：沈阳工业大学,2012.

［26］ 黄有群,姬永成,李丹.基于ARToolKit工具的增强现实交互操作研究［J］.计算机与现代化,2008,157(9)：145-148.

［27］ 黄有群,王璐,常燕.面向设计任务的增强现实交互技术［J］.沈阳工业大学学报,2008,30(2)：32-35.

[28] 孙超,张明敏,李扬,等.增强现实环境下的人手自然交互[J].计算机辅助设计与图形学学报,2011,24(4):697-704.

[29] 陈明,陈一民,姚争为.基于手形交互与掌纹识别的增强现实应用[J].计算机应用,2009,29(8):70-73.

[30] Hoff B, Azuma R. Auto calibration of an electronic compass in an outdoor augmented reality system[C]. Toronto: Proceedings of IEEE and ACM International Symposium on Augmented Reality,2000.

[31] 黄天智,刘越,王涌天,等.增强现实技术的军事应用与前景展望[J].兵工学报,2006,11(6):1043-1046.

[32] 柳祖国,李世其,李作清.增强现实技术的研究进展及应用[J].系统仿真学报,2003,15(2):222-225.

[33] 张燕翔,朱赟,董东.从"经验之塔"理论看增强现实教学媒体优势研究[J].现代教育技术,2012,22(5):22-25.

[34] Johnson L, Smith R, Willis H, et al. The 2011 horizon report [R]. Austin: the New Media Consortium,2011.

[35] Wagner D, Schmalstieg D. Artoolkit on the pocketpc platform[C]//IEEE International Augmented Reality Toolkit Workshop. Darmstadt, Germany,2003:14-15.

[36] 姚皓韵,李培铣.论增强现实技术对电视视觉语言的丰富[J].现代传播(中国传媒大学学报),2012,34(9):149-150.

[37] 张健,蔡新元."增强现实"在传统出版领域中的应用探索[J].科技与出版,2013(10):90-94.